高效轧制国家工程研究中心先进技术丛书

金属表面质量在线检测技术

徐科 周鹏 编著

北 京

冶 金 工 业 出 版 社

2016

内 容 简 介

本书介绍了金属表面质量在线检测技术，主要包括系统设计、检测算法等，内容涵盖铸坯表面在线检测、中厚板表面在线检测系统、热轧带钢表面在线检测系统、冷轧带钢表面在线检测系统等。

本书可供从事冶金自动化技术的科研、设计、生产技术人员使用，也可作为大专院校相关专业师生的参考用书。

图书在版编目（CIP）数据

金属表面质量在线检测技术/徐科，周鹏编著. —北京：冶金工业出版社，2016.10

（高效轧制国家工程研究中心先进技术丛书）

ISBN 978-7-5024-7363-1

Ⅰ.①金…　Ⅱ.①徐…　②周…　Ⅲ.①金属—表面—质量—在线检定　Ⅳ.①O614

中国版本图书馆 CIP 数据核字（2016）第 244709 号

出 版 人　谭学余
地　　　址　北京市东城区嵩祝院北巷 39 号　邮编　100009　电话　（010）64027926
网　　　址　www.cnmip.com.cn　电子信箱　yjcbs@cnmip.com.cn
责任编辑　李培禄　夏小雪　美术编辑　吕欣童　版式设计　杨　帆　彭子赫
责任校对　王永欣　责任印制　李玉山
ISBN 978-7-5024-7363-1
冶金工业出版社出版发行；各地新华书店经销；固安华明印业有限公司印刷
2016 年 10 月第 1 版，2016 年 10 月第 1 次印刷
787mm×1092mm　1/16；10 印张；241 千字；144 页
33.00 元

冶金工业出版社　投稿电话　（010）64027932　投稿信箱　tougao@cnmip.com.cn
冶金工业出版社营销中心　电话　（010）64044283　传真　（010）64027893
冶金书店　地址　北京市东四西大街 46 号（100010）　电话　（010）65289081（兼传真）
冶金工业出版社天猫旗舰店　yjgycbs.tmall.com
（本书如有印装质量问题，本社营销中心负责退换）

序言一

高效轧制国家工程研究中心（以下简称轧制中心）自 1996 年成立起，坚持机制创新与技术创新并举，采用跨学科的团队化科研队伍进行科研组织，努力打破高校科研体制中以单个团队与企业开展短期项目为主的科研合作模式。自成立之初，轧制中心坚持核心关键技术立足于自主研发的发展理念，在轧钢自动化、控轧控冷、钢种开发、质量检测等多项重要的核心技术上实现自主研发，拥有自主知识产权。

在立足于核心技术自主开发的前提下，借鉴国际上先进的成熟技术、器件、装备，进行集成创新，大大降低了国内企业在项目建设过程的风险与投资。以宽带钢热连轧电气自动化与计算机控制技术为例，先后实现了从无到有、从有到精的跨越，已经先后承担了国内几十条新建或改造升级的热连轧计算机系统，彻底改变了我国在这些关键技术方面完全依赖于国外引进的局面。

针对首都钢铁公司在搬迁重建后产品结构调整的需求，特别是对于高品质汽车用钢的迫切需求，轧制中心及时组织多学科研发力量，在 2005 年 9 月 23 日与首钢总公司共同成立了汽车用钢联合研发中心，积极探索该联合研发中心的运行与管理机制，建组同一个研发团队，采用同一个考核机制，完成同一项研发任务，使首钢在短时间内迅速成为国内主要的汽车板生产企业，这种崭新的合作模式也成为体制机制创新的典范。相关汽车钢的开发成果迅速实现在国内各大钢铁公司的应用推广，为企业创造了巨大的经济效益。

实践证明，轧制中心的科研组织模式有力地提升了学校在技术创新与服务创新方面的能力。回首轧制中心二十年的成长历程，有艰辛更有成绩。值此轧制中心成立二十周年之际，我衷心希望轧制中心在未来的发展中，着眼长远、立足优势，聚焦高端技术自主研发和集成创新，在国家技术创新体系中发挥应有的更大作用。

高效轧制国家工程研究中心创始人

徐金梧 教授

2016 年 9 月

序言二

　　高效轧制国家工程研究中心成立二十年了。如今她已经走过了一段艰苦创新的历程，取得了骄人的业绩。作为当初的参与者和见证人，回忆这段创业史，对启示后人也是有益的。

　　时间追溯到 1992 年。当时原国家计委为了尽快把科研成果转化为生产力（当时转化率不到 30%），决定在全国成立 30 个工程中心。分配方案是中科院、部属研究院和高校各 10 个。于是，原国家教委组成了评审小组，组员单位有北京大学、清华大学、西安交通大学、天津大学、华中理工大学和北京科技大学。前 5 个单位均为教委直属，北京科技大学是唯一部属院校。经过两年的认真评审，最初评出 9 个，评审小组中前 5 个教委高校当然名列其中。最终北京科技大学凭借获得多项国家科技进步奖的实力和大家坚持不懈的努力，换来了评审的通过。这就是北京科技大学高效轧制国家工程研究中心的由来。

　　二十年来，在各级领导的支持和关怀下，轧制中心各任领导呕心沥血，带领全体员工，克服各种困难，不断创新，取得了预期的效果，并为科研成果转化做出了突出贡献。我认为取得这些成绩的原因主要有以下几点：

　　（1）有一只过硬的团队，他们在中心领导的精心指挥下，不怕苦，连续工作在现场，有不完成任务不罢休的顽强精神，也赢得了企业的信任。

　　（2）与北科大设计研究院（甲级设计资质）合为一体，在市场竞争中有资格参与投标并与北科大科研成果打包，有明显优势。

　　（3）有自己的特色并有明显企业认知度。在某种意义上讲，生产关系也是生产力。

　　总之，二十年过去了，展望未来，竞争仍很激烈，只有总结经验，围绕国民经济主战场各阶段的关键问题，不断创新、攻关，才能取得更大成绩。

高效轧制国家工程研究中心轧机成套设备领域创始人

钱建平　教授

2016 年 9 月

序言三

高效轧制国家工程研究中心走过了二十年的历程，在行业中取得了令人瞩目的业绩，在国内外具有较高的认知度。轧制中心起步于消化、吸收国外先进技术，发展到结合我国轧制生产过程的实际情况，研究、开发、集成出许多先进的、实用的、具有自主知识产权的技术成果，通过将相关核心技术成果在行业里推广和转移，实现了工程化和产业化，从而产生了巨大的经济效益和社会效益。

以热连轧自动化、高端金属材料研发、成套轧制工艺装备、先进检测与控制为代表的多项核心技术已取得了突出成果，得到冶金行业内的一致认可，同时也培养、锻炼了一支过硬的科技成果研发、转移转化队伍。

在中心成立二十周年的日子里，决定编辑出版一套技术丛书，这套书是二十年中心技术研发、技术推广工作的总结，有非常好的使用价值，也有较高的技术水准，相信对于企业技术人员的工作，对于推动企业技术进步是会有作用的。参加本丛书编写的人员，除了具有扎实的理论基础以外，更重要的是长期深入到生产第一线，发现问题、解决问题、提升技术、实施项目、服务企业，他们中的很多人以及他们所做的工作都可以称为是理论联系实际的典范。

高效轧制国家工程研究中心轧钢自动化领域创始人

孙一康 教授

2016 年 9 月

序言四

我国在"八五"初期，借鉴美国工程研究中心的建设经验，由原国家计委牵头提出了建立国家级工程研究中心的计划，旨在加强工业界与学术界的合作，促进科技为生产服务。我从 1989 年开始，参与了高效轧制国家工程研究中心的申报准备工作，1989~1990 年访问美国俄亥俄州立大学的工程中心、德国蒂森的研究中心，了解国外工程转化情况。后来几年时间里参加了多次专家论证、现场考察和答辩。1996 年高效轧制国家工程研究中心终于获得正式批准。时隔二十年，回顾高效轧制国家工程研究中心从筹建到现在的发展之路，有几点感想：

（1）轧制中心建设初期就确定的发展方向是正确的，而且具有前瞻性。以汽车板为例，北京科技大学不仅与鞍钢、武钢、宝钢等钢铁公司联合开发，而且与一汽、二汽等汽车厂密切联系，做到了科研、生产与应用的结合，促进了我国汽车板国产化进程。另外需要指出的是，把科学技术发展要适应社会和改善环境写入中心的发展思路，这个观点即使到了现在也具有一定的先进性。

（2）轧制中心的发展需要平衡经济性与公益性。与其他国家直接投资的科研机构不同，轧制中心初期的主要建设资金来自于世行贷款，因此每年必须偿还 100 万元的本金和利息，这进一步促进轧制中心的科研开发不能停留在高校里，不能以出论文为最终目标，而是要加快推广，要出成果、出效益。但是同时作为国家级的研究机构，还要担负起一定的社会责任，不能以盈利作为唯一目的。

（3）创新是轧制中心可持续发展的灵魂。在轧制中心建设初期，国内钢铁行业无论是在发展规模上还是技术水平上，普遍落后于发达国家，轧制中心的创新重点在于跟踪国际前沿技术，提高精品钢材的国产化率。经过了近二十年的发展，创新的中心要放在发挥多学科交叉优势、开发原创技术上面。

轧制中心成立二十年以来，不仅在科研和工程应用领域取得丰硕成果，而且培养了一批具有丰富实践经验的科研工作者，祝他们在未来继续运用新的机制和新的理念不断取得辉煌的成绩。

高效轧制国家工程研究中心汽车用钢研发领域创始人

王先进 教授

2016 年 9 月

序言五

    1993年末，当时自己正在德国斯图加特大学作访问学者，北京科技大学压力加工系主任、自己的研究生导师王先进教授来信，希望我完成研究工作后返校，参加高效轧制国家工程研究中心的工作。那时正是改革开放初期，国家希望科研院所不要把写论文、获奖作为科技人员工作的终极目标，而是把科技成果转移和科研工作进入国家经济建设的主战场为己任，因此，国家在一些大学、科研院所和企业成立"国家工程研究中心"，通过机制创新，将科研成果经过进一步集成、工程化，转化为生产力。

    二十多年过去了，中国钢铁工业有了天翻地覆的变化，粗钢产量从1993年的8900万吨发展到2014年的8.2亿吨；钢铁装备从全部国外引进，变成了完全自主建造，还能出口。中国的钢材品种从许多高性能钢材不能生产到几乎所有产品都能自给。

    记得高效轧制国家工程研究中心创建时，我国热连轧宽带钢控制系统的技术完全掌握在德国的西门子，日本的东芝、三菱，美国的GE公司手里，一套热连轧带钢生产线要90亿元人民币，现在，国产化的热连轧带钢生产线仅十几亿元人民币，这几大国际厂商在中国只能成立一个合资公司，继续与我们竞争。那时国内中厚板生产线只有一套带有进口的控制冷却设备，而今80余套中厚板轧机上控制冷却设备已经是标准配置，并且几乎全部是国产化的。那时中国生产的汽车用钢板仅仅能用在卡车上，而且卡车上的几大难冲件用国外钢板才能制造，今天我国的汽车钢可满足几乎所有商用车、乘用车的需要……这次编写的7本技术丛书，就是我们二十年技术研发的总结，应当说工程中心成立二十年的历程，我们交出了一份合格的答卷。

    总结二十年的经验，首先，科技发展一定要与生产实践密切结合，与国家经济建设密切结合，这些年我们坚持这一点才有今天的成绩；其次，机制创新是成功的保证，好的机制才能保证技术人员将技术转化为己任，国家二十年前提出的"工程中心"建设的思路和政策今天依然有非常重要的意义；第三，坚持团队建设是取得成功的基础，对于大工业的技术服务，必须要有队伍才能有成果。二十多年来自己也从一个创业者到了将要离开技术研发第一线的年纪了，自己真诚地希望，轧制中心的事业、轧制中心的模式能够继续发展，再创辉煌。

高效轧制国家工程研究中心原主任

教授

2016 年 9 月

前 言

表面在线检测系统在国际上的研究与应用已有四十余年时间，在国内的研究与应用时间也超过二十年。经过几十年的发展，表面在线检测系统已逐步被钢铁、有色加工企业所接受，并且成为保障产品质量和指导生产的重要仪表。国内研究机构自主研制的表面在线检测系统大量应用于钢铁与有色生产线，打破了国外供应商的垄断。但是，令人遗憾的是表面检测方面的专著非常少，尤其是介绍表面在线检测系统在生产线上实际应用的著作。

本书是作者在表面在线检测方面多年研究与应用的总结。1998 年，作者得到欧盟的资助，赴德国与欧洲的高校和科研机构对表面检测技术进行合作研究，学习了国外的先进技术，掌握了表面检测方面的相关知识。回国后，在多个国家与省部项目的支持下，作者带领课题组经过近二十年的努力，突破了表面检测方面的多项关键技术，自主研制了基于机器视觉的表面缺陷在线检测系列产品，应用于高温铸坯、热轧带钢、中厚板、冷轧带钢等生产线。

本书对金属板带表面在线检测技术的原理、组成、算法研究以及典型生产线上的应用进行了详细的介绍，帮助读者系统全面地掌握表面在线检测的相关知识，尤其是了解表面在线检测系统在不同生产线上的实际应用效果，以提高国内研究机构与企业在表面检测方面的研发能力与应用水平。全书按照从整体设计到典型应用的方式，安排了 7 章的内容：

第 1 章绪论，介绍了表面检测领域的相关知识，包括机器视觉、表面检测研究与应用现状、表面缺陷检测与识别算法，并对表面检测技术的难点与发展进行了分析。由徐科负责撰写。

第 2 章从总体框架、硬件、软件等方面对表面在线检测系统进行设计，重点介绍系统设计要求、光路配置和系统设计方案。由周鹏负责撰写。

第 3 章介绍表面缺陷检测与识别算法，主要介绍数字图像处理、缺陷特征提取、分类器设计缺陷识别，形成一个完整的缺陷检测与识别算法流程。由徐科负责撰写。

第 4~7 章分别介绍表面在线检测系统在冷轧带钢、热轧带钢、中厚板、连铸坯等生产线上的应用，重点研究不同生产线及产品的特点以及系统研制与应用过程中的难点，并且给出了系统应用的效果。由徐科和周鹏负责撰写。

在表面在线检测技术的研究与本书的撰写过程中，得到了北京科技大学徐金梧教授与唐荻教授的悉心指导与帮助，以及中国钢铁工业协会徐匡迪教授、肖治维教授与济钢孙浩博士、宝钢何永辉博士等领导和专家的指导和建议。本书还凝聚着课题组杨朝霖、邓能辉、梁治国、吴贵芳、宋强、吴秀永、艾永好、乔建军、李文峰、刘乃强、李希纲、陈鲲鹏、覃思明、周茂贵、杨成、宋畅、刘顺华等研究生的工作结晶。此外，杨亚男、田思洋、任威平、贺笛、向境、赵睿越、董绍伟等同学参加了本书的编排工作，在此一并感谢！

由于作者水平有限，书中不足之处在所难免，热切希望读者能对本书提出宝贵意见和建议。

编著者的 E-mail 地址是：xuke@ ustb. edu. cn，zhoupeng@ nercar. ustb. edu. cn，恳请赐教。

编著者

2016 年 8 月

目 录

1 绪 论

在金属板带的生产过程中，由于原材料、工艺、控制及设备等多方面原因，其表面经常会出现各种类型的缺陷，这些表面缺陷不仅影响产品的外观，而且会不同程度地降低产品的耐磨性、抗疲劳性、抗腐蚀性和电磁特性等性能，也是造成深加工产品出现废品、次品的主要原因。因此，在金属板带生产过程中进行严格的表面检查是保证产品质量、减少废品和质量异议的关键。传统的表面检查采用人工方式，不仅效率低，而且漏检严重，造成大量的质量异议。据统计，国内汽车板、不锈钢等高品质钢板发生的质量异议事件有70%以上都是由表面缺陷造成的。实现金属板带表面缺陷的在线检测是保障产品表面质量的前提，对于企业增强市场竞争力，赢得经济效益具有重要的意义。

目前对金属表面缺陷进行机器检测的常用方法有超声波式、磁感应式、电磁涡流式等，但是这些传统的无损检测方法只适用于常温金属表面检测，并且检测到的缺陷类型有限，对于连铸坯或热轧板带等高温物体，这些传统的无损检测方法并不适用。以连铸坯生产为例，铸坯表面温度高达近1000℃，在这种温度下进行表面检测，既不能使用耦合剂，也不能采用近距离检测的方式，否则，传感器会在高温金属长时间烘烤下改变其特性。此外，高温金属的导磁性大幅度下降，电阻率上升，并且铸坯表面温度受金属化学成分、铸坯断面形状、拉坯速度和冷却条件等多方面因素影响，具有随机性，这些都会对以电磁感应为基础的检测方式产生不良影响。

基于CCD摄像的机器视觉检测方法是一种新型的无损检测方法，具有非接触、响应快、受高温影响小、抗干扰能力强等优点，在表面检测领域得到了广泛应用，目前已成为表面在线检测的主流。与其他无损检测技术相比，CCD器件自身具有的轻便、高精度、宽动态范围和易于配置等优点促进了此技术的推广以及现场应用。到20世纪末，德国、美国、日本等发达国家已经开发了具有实用价值的机器视觉表面在线检测系统，并在轧制生产线上大量使用。国内的研发机构也开发了具有自主知识产权的表面在线检测系统，这些系统应用于连铸、热轧、冷轧、酸洗、涂镀、连退、精整等生产线，可对金属板带表面缺陷进行连续的跟踪和及时反馈，不仅保证产品的出厂质量，而且根据前面工序的检测结果指导后面工序的生产，从而显著降低生产过程的能耗，提高产品的成材率及生产效率，给企业带来巨大的经济效益。

由于目前在线的表面检测系统基本采用基于CCD摄像的机器视觉检测技术，下面对机器视觉技术进行简要的介绍。

1.1 机器视觉技术

美国制造工程师协会（SME，Society of Manufacturing Engineers）机器视觉分会和美国机器人工业协会（RIA，Robotic Industries Association）自动化视觉分会对"机器视觉"的定义为[1]："机器视觉是通过光学的装置和非接触的传感器自动地接收和处理一个真实物体的图像，以获得所需信息或用于控制机器人动作的装置"。

机器视觉分为被动机器视觉和主动机器视觉[2]。被动机器视觉系统接收场景发射或反射的光能量，从而形成场景的光能量分布函数（即灰度图像），并在此基础上获取场景信息。被动机器视觉包括光度立体，由明暗、纹理、运动等恢复形状，立体成像（双目成像、多目成像）等。主动机器视觉系统首先向场景发射能量，然后接收场景对所发射能量的反射能量，通过能量比较获取场景信息。主动机器视觉包括结构光技术、成像雷达、变焦测量技术、全息干涉技术、莫尔阴影技术、主动三角测量、Fresnel 衍射技术等。

机器视觉是一个发展十分迅速的研究领域，随着 20 世纪 80 年代以来计算机技术和超大规模集成电路的迅猛发展，机器视觉已经成为了当前计算机科学领域中最为重要的组成部分。据估计，全世界机器视觉市场价值超过 50 亿美元。在 1996~2001 年的五年间，该市场规模增长了两倍，近两年更是以两位数的速度继续增长。欧洲市场在 1996~2001 年间税收增长了 17.3%，已安装的系统器件增长了 35.3%。工业图像处理部门的年增长率大约为 20%[3,4]。

机器视觉系统的优点包括以下几点：

（1）非接触测量。由于这种测量属于非接触式测量，所以可对不可接触物体和脆弱部件进行精确测量，同时检测器件由于没有磨损使维护费用大大降低。

（2）检测精度高。由于可以采用具有较宽光谱响应范围的成像器件，能够获取人眼无法获得的非可见光区图像，同时对于高速生产的情况，采用缩短曝光时间、增大光圈、调整光源等手段可以使原来无法实现的高速在线检测得以可靠的运行。

（3）工作连续性。采用人工目测的方法无法满足现代工业连续化生产的要求，而且容易造成操作人员的疲劳，从而使检测效果大大下降。而设计合理、性能优良的视觉系统可以全天候不间断地进行检测工作。

（4）成本效率高。随着计算机和成像设备硬件价格的快速下降，机器视觉系统成本效率将越来越高。一套价值 10000 美元的视觉系统可以轻松完成 3 个检测操作工的工作，同时在运行过程中操作和维护费用很低。如果每个检测工人按照每年 2000 美元工资计算，可以明显地发现：机器视觉系统远比人工检测更划算。

机器视觉技术是实现仪器设备精密控制、智能化、自动化的有效途径，称为现代工业生产的"机器眼睛"。经过近 30 年世界各国专业人员和工业企业的共同推动，目前机器视觉已经在很多领域得到了广泛的应用，例如：电子半导体芯片的测量加工，PCB 装配；制药行业的药品生产质量控制、药品形状厚度在线测量、药品生产计数；工业包装过程中的外观完整性检测、条码识别、生产日期及密封性能检测；汽车制造及机械加工行业的零部件外形尺寸检测、装配完整性检测、部件定位识别与安装控制；印刷行业中的印刷质量检测、印刷对位、字符识别；食品饮料生产中的液位高度检测、外观检测；医疗领域的血液分析、细胞分析等。

钢铁工业作为我国国民经济的支柱行业，近年来行业规模和产品发展迅速，生产技术与装备都有了长足的进步。但由于受钢铁工业生产环境恶劣和生产速度快等制约，机器视觉技术在钢铁企业中仅得到了个别的应用。随着我国钢铁工业现代化步伐的加快，从生产控制到质量检测等一系列环节必将需要更加先进的现代科学理论与技术手段来提升整体科技水平，方兴未艾的机器视觉技术必将在其中发挥更加重要的作用。

1.2 表面检测的研究与应用现状

伴随着 20 世纪 70 年代 CCD 技术的问世和计算机技术的飞速发展，机器视觉技术在工业无损检测领域迅速推广普及，并在金属板带表面在线检测领域得到应用。德国、美国、日本相继出现了基于这一技术的表面在线检测系统，如德国 Parsytec 公司的 HTS 系统、美国 Cognex 公司的 SmartView 系统以及日本 NKK 的 Delta-eye 系统等。德国 Parsytec 公司于 1997 年在韩国浦项制铁安装第一套表面检测系统 HTS-2[5]，该系统采用多台面阵 CCD 摄像机同步采集和图像拼接方式，并采用明场、暗场混合光源模式，检测分辨率达到 0.5mm×0.5mm，检测速度为 350 m/min，缺陷识别准确率为 85%。美国 Cognex 公司于 1996 年研制了 SmartView 表面检测系统[6]，应用机器学习方法自动设计优化的分类器实现了缺陷分类，由于采用了线扫描技术，该系统在宽度方向上的分辨率可以达到 0.23mm。2003 年日本 NKK 公司研究的 Delta-eye 表面检测系统[7]，安装在 Fukuyama 工厂，该系统采用了偏振光技术检测表面缺陷，分辨率达到 0.25mm×3.0mm，速度为 210 m/min。

2005 年，Parsytec 公司提出了一种基于"Dual Sensor"的双传感器检测系统，该系统包含有两套摄像机系统，一套为面阵摄像机，照明采用漫射光；另一套为线阵摄像机，照明采用平行光。用漫射光与面阵相机的结合检测叠合和边缘缺陷，用平行光与线阵相机的结合检测斑痕等缺陷。该系统充分利用面阵 CCD 与线阵 CCD 的优点，并在照明技术和传感器实现方面做了改进，发挥了平行光照明和漫射光照明的优势，并将之与线阵 CCD 和面阵 CCD 的特点结合。Parsytec 公司的这一理念为表面检测指明了一个方向，那就是采用多种照明和传感手段的组合同时进行缺陷的检测，充分发挥不同照明方式和传感手段的优势，从而达到对不同类型缺陷的有效检测。

国内对于金属板带表面检测的研究虽然起步较晚，但最近几年发展很快，并且取得了不少成果。天津大学张洪涛[8]等人开发了基于线阵 CCD 摄像机和大规模现场可编程逻辑芯片（FPGA）技术的表面检测系统。哈尔滨工业大学杨水山[9]利用高速线阵 CCD 在过度照明场条件下采集图像，并用灰度补偿等图像预处理算法和 Boosting 多分类器组合。东北大学颜云辉教授[10]带领的课题组针对图像中存在的低对比度及微小缺陷，提出一种基于人类视觉注意机制的带钢表面缺陷检测方法，该方法可准确检测出缺陷区域，而且检测速度快。该课题组还将多体分类模型和版图分类法应用于缺陷的自动识别，在提高缺陷识别的准确率方面做了很好的工作。重庆大学欧阳奇副教授[11]对铸坯表面缺陷三维量化的实时检测进行了研究，提出了采用激光扫描方法进行连铸坯表面缺陷的三维量化检测，并研究了激光线条的成像、边缘提取以及深度提取方法，为连铸坯表面缺陷的无损检测提供了一条途径。

北京科技大学是国内较早进行金属板带表面在线检测的研究单位之一，目前已经开发了连铸坯、中厚板、热轧带钢、冷轧带钢、铝带等产品的表面检测系统，实现了金属板带生产全流程表面质量在线监测，应用于 50 余条生产线。2002 年用面阵 CCD 摄像机在暗场照明的条件下实现了冷轧带钢表面划痕、折印、锈斑、辊印等缺陷的检测[12]；2006 年用面阵摄像机和频闪氙灯实现了中厚板表面裂纹、麻点、结疤、夹杂等缺陷的检测[13]；2008 年采用线阵 CCD 摄像机和激光线光源实现了热轧带钢表面常见缺陷的检测[14]；

2009 年采用线阵 CCD 摄像机和绿色激光线光源实现了连铸坯表面裂纹等缺陷的检测,可用于表面近 1000℃的高温铸坯表面在线检测;2010 年采用线结构光方法对钢轨表面缺陷进行了三维量化检测[15],在钢轨运行方向上的检测分辨率为 2mm。

1.3 表面缺陷检测与识别算法

机器视觉表面检测技术的原理是将高亮度的光源照射到金属表面,通过 CCD 摄像机在线采集光源的反射光,并转换成数字图像,通过图像处理与识别算法检测缺陷所在的区域,并对缺陷进行分类。其中,通过图像处理与识别算法检测缺陷,即缺陷检测算法是系统的关键,决定了整套系统的性能与效率。

针对不同类型的金属板带产品和不同的应用环境,国内外的研究人员们提出了各种表面缺陷检测与识别算法,对于一些特定的缺陷类型或检测环境,取得了较好的效果。文献 [16] 提出了一种基于经单变量动态编码搜索算法 (univariate dynamic encoding algorithm for searches, UDEAS) 优化过的 Gabor 小波的表面缺陷识别算法,通过使表征缺陷区域和无缺陷区域能量分离准则的代价函数最小化,可以检测铸坯表面的细裂纹和角裂纹。文献 [17] 根据板坯上较深的纵裂纹和横裂纹产生的机理,并利用深裂纹的几何形状特征,提出一种针对深裂纹的 ERD (engineering-driven rule-based detection) 检测方法。文献 [18] 提出了一种基于多向主元分析 (multi-way principal component analysis, MPCA) 和自回归 (autoregressive, AR) 建模的表面缺陷识别算法,通过比较新的钢卷与正常操作下钢卷的功率谱密度等信息,来判定新的热轧钢卷是否含有折叠缺陷。文献 [19] 提出了一种基于小波变换的表面缺陷识别方法,利用小波的水平和垂直分解系数计算小波系数的模和梯度方向,设置合适的阈值并最终利用垂直子带来检测钢板表面的横向角裂纹缺陷。文献 [20] 提出了一种基于离散傅里叶变换和人工神经网络的结构钢表面裂纹检测方法,以频谱能量作为信号的特征,并结合 BP 和 RBF 神经网络来识别有缺陷的钢板。文献 [21] 提出了一种基于不变矩和主成分分析的带钢表面缺陷识别方法,应用主成分分析法对不变矩特征向量进行降维后作为 BP 神经网络的输入,实现对带钢表面缺陷的识别。文献 [22] 利用 Gabor 滤波器在空间域和频率域的联合分析方法,达到分析图像局部特性的目的,且对噪声有很好的包容性,能够有效地抑制噪声,对边缘锯齿、焊缝、抬头纹、氧化铁皮 4 类缺陷取得了良好的检测效果。文献 [23] 对钢板图像进行小波变换并计算模值和幅角,然后寻找局部模极大点确定边缘点并进行连接,该方法对于带钢表面图像中伪缺陷边缘的去除效果明显好于经典边缘检测算子的去除效果。文献 [24] 将数学形态学应用于带钢表面缺陷图像滤波和边缘检测中,通过与传统滤波方法和边缘检测方法的对比,表明基于多结构元素的数学形态学方法能有效滤除噪声,检测弱小目标在内的图像的边缘。文献 [25] 用小波统计方法对铜带表面图像进行分析,平均识别率达到98.3%,但是算法计算量大,实时性不好。以上这些算法或者仅针对于检测一些特定的缺陷类型,或者应用于铜带、冷轧带钢等背景单一、表面状况较好的金属板带产品,因此算法的通用性不够好。大部分算法需要先对图像进行去噪或增强等预处理,这使得图像在去除干扰信息的同时,某些可能对缺陷检测有用的信息也丢失了,造成了缺陷信息利用上的不完整。此外,一些算法还存在着实时性不好的问题。

表 1-1 列出了不同生产线的速度、表面状况和缺陷种类的特点。

表 1-1　不同生产线的特点

生产线	最高速度	表面状况	缺陷种类
连铸坯	很低，火焰切割后大约0.5m/s	存在大量氧化铁皮、保护渣、水等干扰，表面状况非常复杂	很少，以裂纹为主
中厚板	较低，矫直机后大约1m/s	存在大量氧化铁皮等干扰，表面状况比较复杂	较多，常见缺陷超过10种，并且每一类缺陷的形态有很大差异
热连轧	很快，精轧机出口大约20m/s	存在少量氧化铁皮、水等干扰，表面状况相对简单	较少，常见缺陷不到10种
冷轧板带	较快，3~5m/s	基本没有干扰，表面状况比较简单	多达百种，常见的缺陷近20种

根据表 1-1 列出的不同生产线的特点，不同生产线对表面缺陷检测与识别算法的要求如下：

（1）实时性要求：热连轧>冷轧板带≫中厚板>连铸坯。

（2）分类能力：冷轧板带≫中厚板>热轧带钢>连铸坯。

（3）抗干扰能力：连铸坯>中厚板>热轧带钢>冷轧带钢。

如表 1-2 所示，针对不同生产线对算法的要求，不同生产线需要设计不同缺陷检测与识别算法，具体的实现将在以后章节中详细介绍。

表 1-2　不同生产线的算法设计

生产线	特征提取算法	分类器设计	算法特点
连铸坯	多尺度几何分析方法	SVM 分类器	获取的信息量大，但算法运算效率低
中厚板	幅值谱、结构谱、小波等纹理分析方法	SVM 分类器	具有抗噪、抑制光照不均等优点，但算法耗时
热连轧	形态滤波方法	Boosting 分类器	算法速度快，但只适用于缺陷种类少的情况
冷轧板带	灰度特征、几何特征、纹理特征等	神经网络分类器	算法速度较快，但只适用于背景单一的情况

1.4　难点与发展

由于技术水平和检测环境的制约，若想要进一步提升表面检测技术对于表面缺陷的检出率，降低漏检、误识率，还存在着一些亟待解决的技术难点和问题。

（1）缺陷样本的收集比较困难。目前，各大钢企的产品质量已有很大进步，产品表面质量较好，出现表面缺陷的情况很少，尤其是一些不常见的缺陷。而缺陷检测算法只能通过大量样本建立，需要系统经过长时间来收集大量缺陷样本，并且将采集到的缺陷样本进行人工识别，由人工标记其缺陷类型，这样才能用于系统学习。如果缺陷出现得少，样本收集工作就比较困难，直接影响了相关缺陷的自动识别。

（2）图像采集质量需要进一步提高。检测现场的工况环境恶劣，背景噪声、光照不均现象和钢板生产过程中产生的跳动等因素会极大地影响采集到的图像质量。如何降低干扰，采用合适的照明系统，选用满足工业高速检测需求的相机，以提高采集图像的清晰度和对比度，仍需要研究开发并长期积累现场经验。

（3）图像数据实时处理能力需要进一步提升。由于系统用于在线监测，因此需要对在线采集到的海量图像数据进行实时处理，数据处理能力直接影响到系统的实际工作效果。系统不仅要采用高性能的硬件来保证实时数据处理能力，还要考虑运算方式和运算速度，简化图像识别算法，以保证系统的实时数据处理能力。

（4）缺乏通用的图像处理和模式识别算法。算法是机器视觉表面检测技术的核心，也是当前该领域最富挑战性的课题。尽快开发出合适、通用、模块化的算法框架，有效地提取缺陷的特征，准确地对缺陷进行分类识别，提高缺陷识别率，降低误识别率，是表面检测技术的发展目标。

根据以上分析，基于 CCD 的机器视觉表面检测技术在今后的发展趋势有以下几个方面：

（1）设计合适的检测光路。按照光学原理，结合各种光源的应用范围、光照特点，设计合适的光学和照明系统，增加背景和目标的对比度，去除光照不均等不利因素的影响，对于提高图像的采集质量，突出细微缺陷的特征等有重要意义。

（2）采用高速图像采集装置。要获得高质量的采集图像，保证图像的高清晰度和高分辨率，就必须运用图像在线高速采集技术，以同高速运行的生产线相匹配，满足运动物体表面图像在线高速采集的要求。

（3）开发有效的检测算法。要最终能准确检测出各类缺陷并正确分类，获得对表面缺陷的高识别率和低误警率，开发出实时高效的缺陷检测和识别算法十分必要。应根据检测对象的特点，提取独特性强的特征作为识别依据，并开发高效图像处理和模式识别算法，以应对数据量大、实时检测等要求。

（4）结合其他检测方法。要获得检测对象的多方面信息，不应局限于一种检测方法。应融合各种有效的无损检测方法，并结合激光检测、三维检测等技术，同时获取缺陷信息的二维和三维信息，以更全面地掌握缺陷的特征，提高缺陷的检出率。

1.5 本书的主要内容和基本结构

本书按照从整体设计到典型应用的方式，对金属板带表面在线检测技术的系统结构、算法研究以及典型生产线上的应用进行了详细的介绍，使读者在阅读本书后不仅能够清晰理解表面检测技术的相关知识，而且能够了解到表面检测系统在不同生产线上的实际应用效果。其主要内容和基本结构如下：

第 1 章绪论，介绍了表面检测领域的相关知识，包括机器视觉技术、表面检测的研究与应用现状、表面缺陷检测与识别算法，并对表面检测技术的难点与发展进行了分析。

第 2 章从总体框架、硬件、软件等方面对表面在线检测系统进行设计，重点介绍系统设计要求、光路配置和系统设计方案。

第 3 章介绍表面缺陷检测与识别算法，主要介绍数字图像处理、缺陷特征提取、分类器设计缺陷识别，形成一个完整的缺陷检测与识别算法流程。

第 4~7 章分别介绍冷轧带钢、热轧带钢、中厚板、连铸坯等生产线上应用的表面检测系统，重点研究不同生产线及产品的特点以及系统研制与应用过程中的难点，并且给出了系统应用的效果。

参 考 文 献

［1］ Davies E R. Machine Vision：theory，algorithms，practicalities ［M］. Elsevier，2004.

［2］ 贾云得. 机器视觉 ［M］. 北京：科学出版社，2000.

［3］ Smith M L. Surface Inspection Techniques ［M］. UK Professional Engineering Publishing Limited，2001.

［4］ Thomas A D H，Rodd M G，Holt J D，et al. Real-time Industrial Visual Inspection：A Review ［J］. Real-Time Imaging，1995，1 （2）：139~158.

［5］ Parsytec Computer Corp. Software controlled on-line surface inspection ［J］. Steel Times International， 1998，22 （3）：30~34.

［6］ Badger J C，Enright S T. Automated Surface Inspection System ［J］. Iron and Steel Engineer，1996，73 （3）：48~51.

［7］ Uemura A，Shirai M. New Technologies for Steel Manufacturing Based upon Plant Engineering ［J］. NKK technical review，2003，88：37~45.

［8］ 张洪涛. 钢板表面缺陷在线视觉检测系统关键技术研究 ［D］. 天津：天津大学，2008.

［9］ 杨水山. 冷轧带钢表面缺陷机器视觉自动检测技术研究 ［D］. 哈尔滨：哈尔滨工业大学，2008.

［10］ 王永慧. 板带钢缺陷图像的多体分类模型及识别技术研究 ［D］. 沈阳：东北大学，2009.

［11］ 赵立明. 连铸热坯表面缺陷激光扫描成像三维量化检测方法 ［D］. 重庆：重庆大学，2010.

［12］ 徐科，徐金梧. 基于图像处理的冷轧带钢表面缺陷在线检测系统 ［J］. 钢铁，2002，37 （12）： 61~64.

［13］ 徐科，孙浩，杨朝霖，等. 形态滤波在中厚板表面裂纹在线检测中的应用 ［J］. 仪器仪表学报， 2006，27 （9）：1008~1011.

［14］ 徐科，杨朝霖，周鹏. 热轧带钢表面缺陷在线检测的方法与工业应用 ［J］. 机械工程学报，2009， 46 （8）：111~114.

［15］ 徐科，杨朝霖，周鹏，等. 基于激光线光源的钢轨表面缺陷三维检测方法 ［J］. 机械工程学报， 2010，46 （8）：1~5.

［16］ Yun J P，Choi S H，Kim J W，et al. Automatic Detection of Cracks in Raw Steel Block Using Gabor Filter Optimized by Univariate Dynamic Encoding Algorithm for Searches （UDEAS） ［J］. NDT&E International，2009，42 （5）：389~397.

［17］ Pan E，Liang Ye，Jianjun Shi，et al. On-Line Bleeds Detection in Continuous Casting Processes Using Engineering-Driven Rulc-Based Algorithm ［J］. Journal of Manufacturing Science and Engineering，2009， 131 （12）：1~9.

［18］ Qiong Zhou，Qi An. Detection for Transverse Corner Cracks of Steel Plates' Surface Using Wavelet ［J］. Frontiers of Mechanical Engineering in China，2009，4 （2）：224~227.

［19］ Weili Chuang，Chenghung Chen，Yen J Y，et al. Using MPCA of Spectra Model for Fault Detection in a Hot Strip Mill ［J］. Journal of Materials Processing Technology，2009，209 （8）：4162~4168.

［20］ Paulraj M P，Shukry A M M，Yaacob S，et al. Structural Steel Plate Damage Detection using DFT Spectral Energy and Artificial Neural Network ［C］. 6th International Colloquium on Signal Processing & its Applications，Malacca：2010.

［21］ 张媛，程万胜，赵杰. 不变矩法分类识别带钢表面的缺陷 ［J］. 光电工程，2008，35 （7）： 90~94.

［22］ 丛家慧，颜云辉，董德威. Gabor 滤波器在带钢表面缺陷检测中的应用 ［J］. 东北大学学报 （自然科学版），2010，31 （2）：257~260.

［23］ 赵久梁，颜云辉，刘伟嵬. 板带钢表面缺陷检测系统的多尺度边缘检测算法 ［J］. 东北大学学报

（自然科学版），2010，31（3）：432~435.

[24] 汤勃，孔建益，王兴东. 基于数学形态学的带钢表面缺陷检测研究 [J]. 钢铁研究学报，2010，22（10）：56~59.

[25] 张学武，吕燕云，丁学武，等. 小波统计法的表面缺陷检测方法 [J]. 控制理论与应用，2010，27（10）：1331~1336.

[26] 焦李成，谭山. 图像的多尺度几何分析：回顾与展望 [J]. 电子学报，2003，31（12A）：1975~1981.

[27] Sivakumar R. Denoising of Computer Tomography Images Using Curvelet Transform [J]. Journal of Engineering and Applied Sciences，2009，2（1）：21~26.

[28] Ying Li, Hongli Gong, Dagan Feng. An Adaptive Method of Speckle Reduction and Feature Enhancement for SAR Images Based on Curvelet Transform and Particle Swarm Optimization [J]. IEEE Transactions on Geoscience and Remote Sensing，2011，49（8）：3105~3116.

[29] Ali F E, El-Dokany I M, Saad A A, et al. A Curvelet Transform Approach for the Fusion of MR and CT Images [J]. Journal of Modern Optics，2010，57（4）：273~286.

[30] Xiaohua Xie, Jianhuang Lai, Weishi Zheng. Extraction of Illumination Invariant Facial Features from a Single Image Using Nonsubsampled Contourlet Transform [J]. Pattern Recognition，2010，43（12）：4177~4189.

[31] Jiulong Zhang, Yinghui Wang, Zhiyu Zhang, et al. Comparison of Wavelet, Gabor and Curvelet Transform for Face Recognition [J]. Optica Applicata，2011，41（1）：183~193.

[32] 李铁钢，马驷良，张忠波，等. 基于 Bandelet 变换的手背静脉识别算法 [J]. 吉林大学学报（理学版），2007，45（6）：975~978.

[33] 李峤，李海云. 基于 Contourlet 变换和 PCNN 的 CT 图像椎体解剖轮廓特征提取方法的研究 [J]. 中国生物医学工程学报，2010，29（6）：841~845.

[34] 潘泓，李晓兵，金立左，等. 基于多尺度几何分析的目标描述和识别 [J]. 红外与毫米波学报，2011，30（1）：85~90.

[35] 邵振峰，李德仁，朱先强. 基于旋转不变纹理特征的多尺度多方向图像渐进检索 [J]. 中国科学：信息学科，2011，41（3）：283~296.

2 表面在线检测系统的设计

2.1 系统的设计要求

2.1.1 基本要求描述

传统上，带钢的表面质量检测是由检测人员通过肉眼来完成。但是，检测人员的检测结果带有很强的主观性，同时这种检测方法只能用于轧制速度很低的情况，并且很难检测到小的缺陷。在线检测系统不仅要求能实现缺陷识别和分类的功能，还要考虑不同类型的用户在使用检测系统时的不同需求。当前可将用户大致分为 5 类，即现场监测人员、数据库管理员、生产分析员、算法管理员和系统管理员[1,2]。

（1）现场监测人员。现场检测人员要求可以配置检测系统的不同算法，能够连接需要监测的数据源，并查看检测状态。

（2）数据库管理员。由于检测系统将产生的大量图像数据、各种原始数据和分析结果数据都存储在数据库中，所以数据库管理员要求检测系统可以方便可靠地将数据库进行备份和转存，以防止数据的溢出。

（3）生产分析员。生产分析员要求信息系统能够对前面所得到的各种原始数据以及分析结果数据进行汇总分析，寻找产品的质量问题和生产线的故障原因，并提供相应的分析报告。

（4）算法管理员。由于不同的算法会针对不同的缺陷类型有较优的性能，所以可以根据经验分析或数据库查询分析得到未来一段时间内生产线上的缺陷主要类型，选择或添加不同类型的算法，有针对性地检测缺陷。

（5）系统管理员。鉴于信息系统参数比较多，而且层次复杂，设置系统参数的任务应该由专人负责。系统管理员可以管理一些高层次的参数，以供其他用户使用。例如人员管理、产品类型信息管理和生产线信息管理等。

2.1.2 硬件功能要求

系统的硬件需要有某些系统[7]，如照明系统、摄像系统也即图像采集系统以适应现场的恶劣环境，高温，烟雾等。还要有能处理大量信息的高速的服务器。

硬件包括计算机系统、信号采集和转换系统及机械结构。其中计算机系统需要有高频多核的服务器计算机、图像处理计算机；信号采集和转换系统要有高速线扫描摄像机、图像采集卡、照明系统、图像处理板；机械结构应有支撑定位机构、电源、空调。

2.1.3 软件功能要求

软件需要友好的用户界面，应包含中文界面、操作系统、状态显示、缺陷图像显示、在线帮助、报警及相关参数设置等功能[8]。操作界面要显示中文报表、界面符号（字符串）与中文含义相对应；系统操作部分应具备启动、停机、暂停系统的操作，还需要有添加（除带钢钢卷的操作）；状态显示需要能显示摄像机状态、生产信息显示（卷号、速度、宽度等）、检出缺陷信息实时显示（位置、大小）；在视图中要能显示缺陷图像，显示钢卷信息（卷号、长度、宽度、缺陷数、时间）；同时要求有缺陷检测出后，能及时报警。钢卷的缺陷数据应当能够被保存，应当能够按钢卷或时间段来查询整卷信息，可以修改检测灵敏度。

整个系统在获得带钢表面质量的图像后均需要通过网络传输到服务器，因此要求有局域网及网际通信的功能[3]。

2.2 检测原理及光路配置

2.2.1 检测原理

系统采用 CCD（Charge Coupled Devices）摄像原理。光源发出的光以一定角度照射到运行状态的带钢表面上，置于钢板上方的线阵 CCD 摄像机对带钢表面进行横向扫描，采集从钢板表面反射的光，并将反射光的强度转换成灰度图像。线阵 CCD 相机自身完成横向一维扫描，而带钢的运行实现纵向扫描，从而构成二维图像。如果钢板表面存在缺陷，将会对入射光产生吸收或散射作用，从而使进入摄像机光线的强度发生变化。系统原理的示意图如图 2-1 所示。

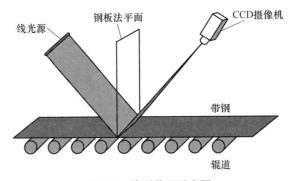

图 2-1　检测装置示意图

2.2.2 光路配置

光路的配置形式是一个很重要的环节，它需要根据光的不同反射形式（即镜面反射和漫反射）和被检测物体的表面缺陷情况进行选择。目前表面检测的光路配置形式主要有两种[4]，即明场光路配置形式和暗场光路配置形式。

（1）明场光路配置形式。明场光路配置形式用于光滑的反射表面，光在表面上产生的是镜面反射，反射角 θ 等于入射角 θ，因此摄像头需放置在与光的反射角 θ 方向的同一方向上，以便采集到反射过来的光线，也就是说摄像机和光源的像必须要在一条直线上。明场光路配置中一般采用漫射光，由于漫射光各条光线的入射角 θ 不同，因此摄像头在一个大的范围内都可以接收到反射来的光线，这样摄像头就不用进行精确的定位。明场光路主要检测吸收光线的缺陷，即二维的表面缺陷，原理如图 2-2 所示。

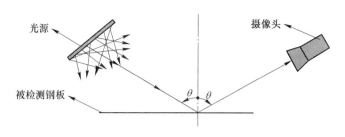

图 2-2 明场光路配置形式

（2）暗场光路配置形式。暗场光路配置形式中采用的光源发出的光是平行光，而摄像头不是放置在反射角 θ 的方向上，也就是说摄像头和光源的像不在同一条直线上，而是让摄像头稍微偏一点点。在实际使用的过程中，为了安装方便，一般将摄像头放置在垂直方向上，这样的话，如果带钢表面没有凹凸不平的缺陷，那么光线经过反向之后，将以相同的入射角 θ 沿反射方向射出，这样的光线将没有办法进入到摄像头里面去，摄像头就很难采集到反射来的光线，采集到的图像就普遍较暗。如果表面上有三维缺陷，导致表面凹凸不平，这些地方就会产生漫反射，那么光线经过凹坑之后就会有各个方向上的反向光线，因而摄像头就可以采集到反射过来的光线，从而采集到的图像就会有比背景更亮的区域。暗场光路主要用来检测三维表面缺陷，其原理图如图 2-3 所示。

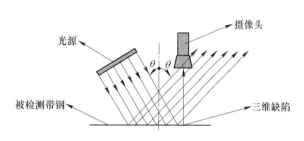

图 2-3 暗场光路配置形式

（3）介于明场与暗场的光路配置。为了获得最佳的检测效果，理论上应当组合应用明场与暗场这两种检测光路，以确保检测出最多类型的表面缺陷。实际上由于费用的问题和考虑到操作的复杂度，大都采用单一的光路配置形式，即介于明场与暗场的光路配置。其方式就是选择合适的摄像机与光源入射的角度，将摄像机与光源旋转在介于明场与暗场的角度范围内，保证在只使用一套光源与摄像机的情况下，检测到最多类型的缺陷，尤其是用户比较关注的缺陷。

2.3 系统的基本组成

机器视觉技术用计算机来分析一个图像，并根据分析得出结论。通过视觉系统来检测金属表面的缺陷，光学器件允许处理器更精确的观察目标，获取到哪些产品正常，哪些产品产生了缺陷，为生产技术人员作出有效的决定提供数据支撑[11]。在线检测系统一般包括：光源、光学系统、摄像机等。

2.3.1 光源

光源是机器视觉系统中的重要组成部分，光源一般是指能够产生光辐射的辐射源，一般分为天然光源和人工光源，天然光源是自然界中存在的辐射源，如太阳、天空、恒星等。人工光源是人为将各种形式的能量（热能、电能、化学能）转化成光辐射能的器件，其中利用电能产生光辐射能的器件称为电光源。

辐射效率和发光效率在给定 $\lambda_1 \sim \lambda_2$ 波长范围内，某一发光源发出的辐射通量与产生这些辐射通量所需要的电功率比，称为该光源在规定光谱范围内的辐射效率，其表达式为：

$$\eta_e = \frac{\Phi_e}{P} = \frac{\int_{\lambda_2}^{\lambda_1} \phi_e(\lambda)\,d\lambda}{P} \tag{2-1}$$

在机器视觉系统设计中，在光源的光谱分布满足要求的前提下，应尽可能选择 η_e 较高的光源。

某一光源所发出的光通量与产生这些光通量所需的电功率之比，称为该光源的光效率，即：

$$\eta_v = \frac{\Phi_v}{P} = \frac{K_m \int_{380}^{780} \phi_e(\lambda) V(\lambda)\,d\lambda}{P} \tag{2-2}$$

单位为 lm/W（流明每瓦）。在照明域或光度系统中，一般应选用 η_v 较高的光源。

自然光源和人造光源大都是由多单色光组成的复合色光。不同的光源在不同的光谱上辐射出不同的光谱功率，常用光谱功率分布来描述。若令其最大值为 1，将光谱功率进行归一化，那么经过归一化后的光谱功率称为相对光谱功率分布。常见的有四种典型的分布，如图 2-4 所示。

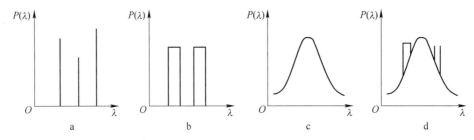

图 2-4   相对光谱功率分布图

图 2-4a 为线状光谱，由若干条明显分隔的细线组成，如低压汞灯等；图 2-4b 为带状光谱，由一些分开的谱带组成，每一谱带中又包含许多细谱线，如高压汞灯、高压钠灯等；图 2-4c 为连续光谱；图 2-4d 是混合光谱，由连续光谱与带状光谱混合而成，如荧光灯。

为了创造良好、稳定的观察和测量条件，人们制造了多种人工光源。按发光机理，人工光源一般可以分为以下几类，见表 2-1。

表 2-1   人工光源

发光机理	光源类型
热辐射光源	白炽灯、卤钨灯 黑体辐射器

发光机理	光 源 类 型
气体放电光源	汞灯
	荧光灯
	钠灯
	氙灯
	金属卤化物灯
	空心阴极灯
固体发光光源	场致发光二极管
	发光二极管
	空心阴极灯
激光器	气体激光器
	固体激光器
	染料激光器
	半导体激光器

（1）钨丝白炽灯。普通白炽灯是由熔点高达 3600K 的钨丝制成的灯丝、实心玻璃、灯头、玻璃壳构成。灯丝是白炽灯的关键部分，一般由钨丝绕制成单螺旋形或双螺旋形。白炽灯的供电电压决定钨丝的长度，供电电流决定灯丝的直径。为使白炽灯产生的光通量按预期的空间分布，可以将钨丝制成直射状、环状或锯齿状。锯齿状可布置成平面、圆柱形或圆锥形。也有用钨丝片制成的带状钨丝灯，形成射状光源。由实心玻璃和钼丝钩做成的支架用于支撑钨丝，再通过金属导丝与外电源连接。玻璃壳采用普通透明玻璃，形状和尺寸由采用的冷却条件或特殊要求决定。有时把透明的玻璃壳表面加以腐蚀（磨砂），或采用具有散光性强的乳白玻璃制成，以获得均匀发射且亮度较低的白光。为防止高温将钨丝氧化，必须把玻璃壳抽成真空。对于功率大于 40W 的白炽灯，玻璃壳内填充惰性气体，以减少钨丝蒸发，延长灯的寿命。另外，钨丝白炽灯在稳定的电压作用下发出稳定的光辐射。为此，对要求稳定性很高的光源，常采用稳定的电流源供电。

（2）卤钨灯。卤钨灯是一种改进的白炽灯[12]。钨丝灯在高温下蒸发使灯泡变黑，将会使白炽灯的发光效率降低。在灯泡中充入碘或溴等卤族元素，使它们与蒸发在玻璃壳上的钨形成化合物。当这些化合物回到灯丝附近时，遇到高温而分解，钨又回到钨丝上。这样灯丝的可承受温度可以大大提高，而玻璃壳并不发黑。因此卤钨灯的灯丝具有亮度高、发光小、效率高、形体小、成本低等特点。

（3）气体放电灯。气体放电灯一般包括汞灯、钠灯、氙灯等，它们的共同原理是气体放电。其中氙灯是充有氙气的石英灯泡组成，用高电压触发放电[13]。目前氙灯分为长弧氙灯、短弧氙灯、脉冲氙灯；汞灯是在石英玻璃管内充入汞，当灯点燃时，灯中的汞被蒸发。汞蒸气压增至几个大气压，从而产生辉光放电。汞灯主要发射紫外单色光谱，也有几条可见光和红外光谱线；钠灯在钠-钙玻璃内充入钠蒸气制成。当钨丝点燃后，只发射 598.0nm、589.6nm 的双黄光。

（4）发光二极管（LED）。发光二极管具有以下优点：1）体积小，重量轻，便于集成；2）工作电压低，耗电少，驱动简便，容易用计算机控制；3）比普通光源的单色性好；4）发光亮度高，发光效率高，亮度便于调整。

发光二极管的响应时间快，短于 $1\mu s$，比人眼响应要快得多，但用作光信号传递时，响应时间又太长。二极管发光的响应时间取决于注入载流子的寿命和发光能级上跃迁的几率。通常发光二极管的外部发光效率均随温度上升而下降。

在低工作电流下，发光二极管发光效率随电流的增加而明显增加，但电流增加到一定值时，发光效率不再增加，且随工作电流的继续增加而降低。

（5）激光光源。与其他光源相比，激光具有单色性好、方向强、光亮度极高的优点，在精密检测、光信息处理、全息摄影、准直导向、大地测量技术中有着极为广泛的应用。表面检测的照明一般用半导体激光器，它的工作原理与发光二极管相似。半导体激光器具有体积小、重量轻、效率高、寿命超过 10000h 等优点。

常用光源的对比见表 2-2。

表 2-2 常用光源的对比

性能 \ 类型	卤素灯	荧光灯	氙灯	LED	激光
使用寿命	1000h	1500~3000h	1亿次	50000h	10000h
亮度	较亮	暗	非常亮	较亮	亮
响应速度	慢	慢	快	快	慢
形状	自由度小	自由度小	自由度小	自由度大	自由度小
价格	低	中	高	高	较高
单色性	差	差	差	好	好
聚光性	差	中	差	中	好
频闪	不可频闪	不可频闪	可频闪	可频闪	不可频闪

2.3.2 摄像机

摄像机是系统的关键设备，目前在工业检测领域基本采用 CCD 摄像机。CCD 摄像机按其扫描方式的不同，可分为面阵 CCD 摄像机与线阵 CCD 摄像机，线阵 CCD 摄像机与面阵 CCD 摄像机在表面检测中都有成功的应用，而且各有优缺点。表 2-3 中给出了线阵 CCD 摄像机与面阵 CCD 摄像机的原理及优缺点比较。

表 2-3 线阵 CCD 摄像机与面阵 CCD 摄像机的比较

比较	线阵 CCD 摄像机	面阵 CCD 摄像机
原理	通过一行一行的方式来扫描整个表面，采集到的信号传给图像采集卡，当采集的行数达到设定的一帧图像行数时，图像采集卡将采集到的信号取出，组成一帧图像，传给计算机 CPU 进行处理	通过一幅幅的图像来扫描二维表面，即使在钢板不动的情况下，面阵 CCD 摄像机采集到的也是一幅完整的图像，只是在钢板运动的情况下，摄像机才能扫描到整个钢板表面
优点	（1）可以扫描很宽的范围，每行 4096 像素或更高； （2）扫描速度很快，每秒 11000 行或更快； （3）所需的照明面积小； （4）所需的安装空间小	（1）可以在钢板有轻微跳动的情况下使用； （2）可以很容易实现系统在检测宽度、速度和精度上的提高； （3）可以通过软件实现图像的实时处理

比较	线阵 CCD 摄像机	面阵 CCD 摄像机
缺点	(1) 不适用于钢板表面有跳动的情况； (2) 数据的实时处理很难通过软件方式实现	(1) 需要多个摄像机同步采集，并进行图像拼接； (2) 需要光源的照射面积大； (3) 所需安装空间大

2.3.3　图像采集系统

一个完整的图像采集系统要求具备对图像信号的采集、处理和分析功能[22]。如图 2-5 所示，图像采集系统通常可由如下四部分构成：视频图像的采集、视频图像的预处理、各种同步逻辑控制、视频图像的显示输出。

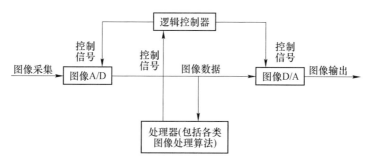

图 2-5　图像采集系统的基本构成框图

在图像信号采集系统中，核心器件为摄像机。它利用光电转换原理把图像信息直接转换成电信号，实现非电量的电测量，通过解码芯片对其进行解码，变成可编程的数字信号，便于 DSP 对数字图像的处理和存储。

图像数据的采集与普通信号相比，最大的特点是数据处理量大、传输速率要求高。摄像机输出信号不能直接送入 A/D 转换器，必须先从硬件上对其进行一系列的预处理，消除信号中的驱动脉冲（主要是复位脉冲）及噪声等所造成的干扰，因此需将信号进行前置反向、滤波及放大。

2.3.4　计算机系统

计算机系统实现对图像采集系统中硬件的控制，数字信号的处理等功能。

由摄像头采集到的图像信号传给与它相连的数据处理计算机，并在数据处理计算机中进行预处理。每个摄像头都与一台单独的摄像头计算机相连，以保证能够对图像信号进行并行处理，从而提高系统的运算能力，达到实时监测的要求。所有缺陷检测与分类运算都在数据处理计算机中完成。

服务器用来接收由摄像头计算机得到的检测结果，并且对这些结果进行合并和集成，从而得出整个带卷的缺陷分布情况，以便对带卷的表面质量进行总体评价。同时，服务器还将带卷的缺陷分布情况保存在数据库中。此外，系统还可以配备附加的存储装置，以便保存大量的带卷表面质量信息。

2.4　表面检测系统的设计方案

系统设计方案的制订是系统开发的一个关键内容。由于带钢表面检测系统的特殊要求，因此需要在做总体设计时加以特殊考虑[9,10]。本节首先根据所采用的检测原理及现场生产线的实际情况提出系统的总体设计方案，介绍系统的总体框架。同时，对系统的各个组成部分进行较详细的介绍，并且对系统的硬件系统及系统的软件流程也作了详细的介绍。

2.4.1　系统总体框架

如图 2-6 所示，表面缺陷检测系统是由上、下表面检测单元、并行计算机处理系统、服务器、控制台组成。

上、下表面检测单元中包括光源和摄像机，用来获取带钢表面的图像信息，并且把带钢的状态数据传送到并行计算机处理系统来进行处理，该处理系统是由多台客户机组成，每台客户机与单独的一台相机相连，接收并处理该相机所传送的数据，从而保证每个摄像头采集的图像可以由单独的计算机进行处理，这样就实现多台计算机对图像的并行处理，从而提高系统的数据处理能力。如遇带钢表面质量异常时，系统就会将图像保存到缓冲区内等待进一步处理，通过采用图

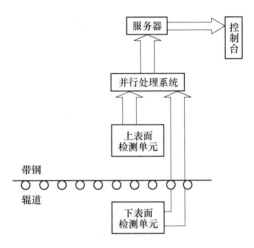

图 2-6　表面检测系统的结构

像处理和模式识别技术，自动识别带钢上、下表面缺陷，并按照系统定义的分类，将缺陷归类至其所属类型，根据其严重程度，采取不同的报警措施。所有的图像处理和模式识别过程都在客户机中完成。

并行计算机处理系统对图像进行处理和分析后，就把得到的处理结果即缺陷信息传给服务器。因为如果某些缺陷较大的话，很有可能分布在不同相机采集的图像中，因此，服务器需要对这些结果进行合并，从而可以得到整个带卷的缺陷分布情况，以便对带卷的表面质量进行总体评价[23]。同时，服务器还将带卷的缺陷分布情况保存在数据库中，以便存档和将来的使用。

服务器与多台控制台终端相连，用来显示和记录带钢的缺陷图像和数据。表面检测系统通过带钢生产线自动化系统和过程计算机控制系统，获取带钢的代码、状态、钢种、速度、宽度和长度等数据，结合表面质量检测结果，最终形成每卷带钢完整的质量信息。

2.4.2　硬件设计

由检测系统的总体结构图可知，带钢表面缺陷检测系统的硬件框架主要由照明设施即光源、CCD 摄像头、图像处理计算机、服务器及局域网等组成，而光源和 CCD 相机的选择尤为重要，其将直接影响到系统的最终性能。

（1）相机的选择。线阵 CCD 摄像机在表面检测中应用比较广泛，由于线阵 CCD 摄像机采用线扫描的方式，不需要在带钢运动方向上的大的采集空间，因此，如果在带钢表面缺陷在线检测中用线阵 CCD 摄像机进行图像采集，则可以避免面阵 CCD 摄像机需要拆辊、安装挡板及头部不能检测等问题[25]。

根据实际中的检测指标要求，选取 1024 像素、最大采集速度为 36000 行/s 的线阵 CCD 摄像机，在上下表面检测单元分别安置 4 台摄像机来获取图像，所采每幅图像尺寸为 1024Pixel×512Line。下面验证选择这种类型的线阵 CCD 摄像机及其数量，是否可以保证系统的横向检测精度与纵向检测精度都满足指标要求，如图 2-7 所示。

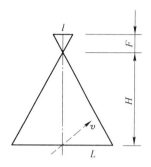

图 2-7　分辨率计算示意图

每台相机在横向所能覆盖范围 L 为：

$$L = Hl/F \tag{2-3}$$

式中　l——线阵 CCD 长度，等于像元总数（1024）与像元尺寸的乘积（14μm）；

　　　H——相机距钢板表面距离（实际中为 3075mm）；

　　　F——相机焦距（105mm）。

把相应数据带入上式，可得到每台相机在钢板横向覆盖的实际范围为：

$$L = \frac{3075 \times 1024 \times 0.014}{105} = 419.84(\text{mm})$$

安置 4 台相机所采钢板图像的总覆盖范围为 419.84×4 = 1679.36（mm），可以看出，用 4 台相机即能够满足最大检测宽度的要求。

图像上每个像素在钢板横向上代表的实际距离 d_h 为：$d_h = L/1024(\text{mm})$，此即为相机在横向的分辨率。相应数据代入上式得横向分辨率 d_h = 0.41mm。

纵向分辨率取决于相机扫描频率和带钢前进速度，公式可表示为：

$$d_v = v/f(\text{mm}) \tag{2-4}$$

式中　f——相机的扫描频率；

　　　v——带钢的前进速度。

由于带钢运行速度会随着带钢品种、轧制厚度等因素变化而变化，所以要保证在纵向上分辨率不变，需要不断改变相机的扫描频率，这可以通过软件来实现。

以所要求的检测速度指标 18m/s 来计算，纵向分辨率为：

$$d_v = 18 \times 10^3/36000 = 0.5(\text{mm})$$

由上面的验证结果可见，选择这种类型的线阵 CCD 摄像机及其数量，完全可以保证系统的横向检测精度与纵向检测精度都满足指标要求。

（2）光源的选择。相机是通过采集从钢板表面反射过来的光来获取钢板表面图像的，而仅仅依靠反射的自然光来获取的图像很难满足后续处理的要求。理想的钢板表面图像应该是背景图像的光强分布均匀，并且缺陷区域与背景图像在灰度级上有明显的区分。这样的图像对于后续的表面缺陷检测过程非常有利，可以减少算法的复杂度，并提高缺陷的检出率。

采用线阵 CCD 摄像机作图像采集设备需要有特殊的光源提供照明，这种光源必须是高频的或连续工作的，目前连续工作的光源有 LED（Light Emitting Diode，即发光二极管）、荧光灯、卤素灯等，但是由于带钢表面温度很高，光源的位置与钢板表面的距离很远才能保证光源正常工作，这些光源没有聚光的作用，距离越远，光源的照度就越低，达不到照明效果。

激光具有良好的聚光性，一般的激光光源是点光源，为了用于线阵 CCD 摄像机的照明，在激光点光源前加一柱面镜，将点光源扩散成线光源。由于这种光源的能量集中，并且具有良好的单色性，适用于带钢生产线。

2.4.3 软件设计

软件设计是系统的关键。系统用于在线检测，需要对数据进行实时处理，这就意味着要求整个系统处理的实时性和快速性。若按 CCD 摄像头的采集速度为 10 帧/s，即要求平均处理一幅图像的时间为 0.1s，1 帧图像的像素为 1024×512，每个像素的灰度级为 256 级，因此需要在 0.1s 之内完成一幅像素为 1024×512×8bits 图像的所有处理任务，包括缺陷的检测和缺陷的识别，这对系统的数据处理能力是一极大的考验。针对数字图像的信息量非常庞大的特点，带钢表面缺陷检测系统不仅要采用高性能的硬件来保证实时数据处理能力，同时在软件设计上也需要采用特殊的方法，考虑运算方式和运算速度，简化图像识别算法，以保证系统的实时数据处理能力。

2.4.3.1 系统的软件流程

图 2-8 是系统的软件流程图。可以看到，数字化后的图像需要经过 4 个步骤来处理，即目标检测、图像分割、特征提取和缺陷分类。

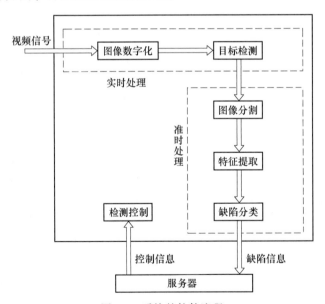

图 2-8 系统的软件流程

为了满足系统实时检测的要求，对于每幅传送到客户机的图像，图像数字化和目标检测这两个步骤都需要实时完成。而由于在目标检测步骤中检测到有缺陷存在的图像已经被保存到缓冲区中，因此只要缓冲区不溢出的话，系统可以随时从缓冲区中取出这些图像，对它们进行后面三个步骤的处理。因此后面三个步骤可以在计算机 CPU 有空闲的时候执行，这种方式称为"准时处理"方式。通过"实时处理"和"准时处理"两种方式，可以保证系统的实时检测功能。下面就讨论每个步骤中所用到的算法。

目标检测：目标检测的作用是检测图像中是否存在着可疑区域。由于采集到的图像往往存在着噪声，因此这个步骤中需要用到去噪处理。由于这个步骤需要实时完成，因此不能采用复杂的算法，而且这里的算法必须加以优化。如果采集到的图像可能存在缺陷，则图像存入缓冲区，以便进行下一步处理；如果没有缺陷，则不保存这幅图像。这一过程需要处理摄像机采集的所有图像，计算量很大，因此也不能采用复杂的算法，在算法设计时，应特别考虑系统的实时需求。另外，目标检测又是下面图像处理的基础，因此结果务必准确。在本系统中，定义如果一幅图像中存在超过一定数量的异常点，则该图像中存在缺陷，这样既可以减少计算量又可以尽量避免漏检。图像异常点的判据取决于该像素灰度值与图像灰度均值的差和该像素梯度值与图像梯度均值的差。

图像分割：图像分割的作用是找出缺陷所在的区域，即对缓冲区的图像进行分析处理，确定图像中每个缺陷的位置，并分析每个缺陷的相邻区域以确定哪些缺陷可以合并为一个缺陷。图像分割中有两种比较常用的方法，一种是边缘提取方法，另外一种是区域增长方法。目前，我们采用的是基于数学形态学的图像边缘提取方法，研究结果表明，基于数学形态学的边缘提取方法得到的结果要好于其他的边缘提取方法。

特征提取：特征提取的目的是计算缺陷的特征值，以便用于对缺陷的分类，即特征提取结果作为分类器的输入。从图像中可以提取出多种类型的特征值：几何特征、灰度值特征、纹理特征、梯度特征、统计特征等，这些特征实际上是带钢表面缺陷的数学描述，例如：缺陷的区域长度、缺陷区域宽度、缺陷方向、平均灰度、平均梯度、明暗域梯度均值比等。特征的数学描述越完备，图像的信息丢失越少，在相同分类器条件下分类效果越好。但值得注意的是，特征越多并不意味着缺陷的描述越完备，理想的特征应该具有以下几个特点：可区别性、可靠性和独立性。

缺陷分类：缺陷分类的作用是通过输入的特征值，对缺陷进行分类，以确定缺陷的类型和严重程度。这一步骤往往由各种分类器实现。目前较常用的是基于 BP 网络的分类器。BP 网络具有良好的容错性、自适应性和鲁棒性，在模式识别中得到了很好的应用。但是 BP 网络也存在着一些缺陷，如局部最小，学习时间长，参数的确定尚无理论依据等。因此基于别的网络类型，如 LVQ 网络和 ART2 网络的神经网络分类器也在研究之中。最近几年，用于人脸识别领域的 AdaBoost 分类器也越来越受到人们的关注，并且显露出了它自身的优越性，主要体现在简单高效上。分类器的分类结果将被送入服务器的数据库进行进一步数据处理。

2.4.3.2 系统的功能模块

系统在软件上有五个功能模块：在线观测、离线分析、在线检测、缺陷分类管理和设备状态监测。

在线观测模块用于浏览每个摄像头采集的图像，以便根据图像质量对摄像头和光源进行调整。在线观测模块还可以显示出带卷的速度、带卷号以及传输的速率等情况，根据这些可以了解当前系统的工作情况是否正常。

离线分析模块用于从数据库中调出缺陷检测的历史数据，并对历史数据进行统计和分析。可通过带卷号或生产时间查询带卷，获取某一带卷的缺陷统计结果，并自动生成检测报表，用于打印和存档。此外，还可浏览带卷上每一缺陷的所有信息包括缺陷图像从而能检验结果是否正确。

在线检测模块用于对缺陷进行在线检测，是系统的关键模块。在线检测模块中有一个带卷信息列表，可以显示出带卷当前的状态、带卷号、轧制的时间、长度及宽度信息等。系统会自动检测是否有钢卷进入，当一个带卷生产完成后，系统自动停止当前带卷的检测，并根据缺陷的检测结果评估带卷的表面质量，并将评估结果写入数据库，然后等待下一带卷的进入。

缺陷分类管理模块用于对缺陷样本库和缺陷分类器进行管理，是系统的关键模块。新的分类建立后，系统自动测试该分类器并检查其性能，并将新旧分类器的结果进行对比。

设备状态监测模块用于对系统中所有的硬件设备状态进行监测，实时显示各关键设备的运行状况，比如相机的工作温度、相机的网络连接状态和服务器工作状态等；如出现故障可及时报警提示使用人员，便于使用人员了解系统的状态，并及时找到故障点。

参 考 文 献

[1] 吴平川，路同浚，王炎. 带钢表面自动检测系统研究现状与展望 [J]. 钢铁，2000，35（6）：70~75.

[2] 刘钟，吴杰，张华. 热轧带钢表面质量检测系统的工程设计与实践 [J]. 宝钢技术，2005，6：57~61.

[3] 吴晓鹏，林介邦，唐辉，等. 基于机器视觉的铸坯表面缺陷检测系统的研制 [J]. 武钢技术，2010，48（1）：49~53.

[4] Suresh B R, Fundakowski R A, Levitt T S. A real-time automated visual inspection system for hot steel slabs [J]. IEEE Trans. Pattern Analysis Machine. Intell，1983，PAMI-5（6）：563~572.

[5] 徐科，徐金梧. 基于图像处理的冷轧带钢表面缺陷在线检测技术 [J]. 钢铁，2002，37（12）：61~64.

[6] 徐科，徐金梧，班晓娟. 冷轧带钢表面质量自动监测系统的模式识别方法研究 [J]. 钢铁，2002，379（6）：28~31.

[7] Badger J C, Enright S T. Automated Surface Insection System [J]. Iron and Steel Engineer，1996，73（3）：48~51.

[8] Rodrick T J. Software Controlled On-Line Surface Inspection [J]. Steel Times Int，1998，22（3）：30.

[9] 徐科，杨朝霖，周鹏. 热轧带钢表面缺陷在线检测的方法与工业应用 [J]. 机械工程学报，2009，45（4）：111.

[10] 徐科，徐金梧，班晓娟. 冷轧带钢表面质量自动监测系统的模式识别方法研究 [J]. 钢铁，2002，37（6）：28~31.

[11] 贾方庆. 基于机器视觉的带钢表面缺陷检测系统研究 [D]. 重庆：重庆大学，2007.

[12] 严增濯. 卤钨灯技术进展 [J]. 中国照明电器，1994，1：1~8.

[13] 王连才，杨丽徙. 气体放电灯的电路特性 [J]. 电工技术学报，1991，3：44~48.

[14] 方志烈. 发光二极管材料与器件的历史、现状和展望 [J]. 物理，2003，5：295~301.

[15] 蒋芸，鲍丽莎，曹正东. 发光二极管的特性研究 [J]. 实验室研究与探索，2007，26（6）：

30~33.

[16] 气体激光器进展概述 [J]. 电子管技术, 1972, 1.

[17] 王立军, 宁永强, 秦莉, 等. 大功率半导体激光器研究进展 [J]. 发光学报, 2015, 36 (1): 1~19.

[18] 程开富. CCD 图像传感器的市场与发展 [J]. 国外电子元器件, 2000 (7): 2~7.

[19] 胡琳. CCD 图像传感器的现状及未来发展 [J]. 电子科技, 2010, 23 (6): 82~85.

[20] 石东新, 傅新宇, 张远. CMOS 与 CCD 性能及高清应用比较 [J]. 通信技术, 2010, 12 (43): 174~176.

[21] 王旭东, 叶玉堂. CMOS 与 CCD 图像传感器的比较研究和发展趋势 [J]. 电子设计工程, 2010, 18 (11): 178~181.

[22] Treiber F. On-Line Automatic Defect Detection and Surface Roughness Measurement of Steel Strip [J]. Iron and Steel Engineer, 1989, 66 (9): 26~33.

[23] 胡亮, 段发阶, 丁克勤, 等. 钢板表面缺陷计算机视觉在线检测系统的研制 [J]. 钢铁, 2005, 40 (2): 59~61.

[24] Hao Sun, Ke Xu, Jinwu Xu. Online Application of Automatic Surface Quality Inspection System to Cold Rolled Strips [J]. Journal of University of Science and Technology Beijing, 2003, 10 (4): 38~41.

[25] 胡亮. 基于线阵 CCD 钢板表面缺陷在线检测系统的研究 [D]. 天津: 天津大学, 2004.

3 图像处理与识别算法

3.1 数字图像处理综述

3.1.1 图像和数字图像

图像是用各种观测系统以不同形式和手段观测客观世界而获得的，可以直接或间接作用于人眼，进而产生视知觉的实体。人的视觉系统就是一个观测系统，通过它得到的图像就是客观景物在人心目中形成的影像。

客观世界是三维的，但一般从客观景物得到的图像是二维的。一幅图像可以用一个二维函数 $f(x, y)$ 来表示，这里的 x 和 y 表示二维空间 XY 中一个坐标点的位置，而 f 则代表图像在点 (x,y) 的某种性质 F 的数值。例如，常用的图像一般都是灰度图像，这时 f 表示灰度值，它常对应客观景物被观察到的亮度。

常见的图像是连续的，即 f、x、y 的值可以是任意实数。为了能用计算机对图像进行加工，需要把连续的图像在坐标空间 XY 和性质空间 F 都离散化。这种离散化的图像是数字图像，可以用 $I(r, c)$ 来表示。这里 I 代表离散化后的 f，(r, c) 代表离散化后的 (x,y)，其中 r 代表图像的行(row)，c 代表图像的列（column）。这里 I、c、r 的值都是整数。本章讨论的是数字图像，在不至于引起混淆的情况下用 $f(x, y)$ 代表数字图像，f、x、y 都在整数集合中取值。

3.1.2 图像技术

广义上说，图像技术是各种与图像有关的技术手段的总称。目前人们主要研究的是数字图像[1]，主要采用的是计算机图像技术[2]。这包括利用计算机和其他电子设备进行和完成的一系列工作，例如图像的采集、获取、编码、存储和传输，图像的分割和产生，图像的显示和输出，图像的变换、增强、恢复（复原）和重建，图像的分割，目标的检测、表达和描述，特征的提取和测量，序列图像的校正，三维景物的重建复原，图像数据库的建立、索引和抽取，图像的分类、表示和识别，图像模型的建立和匹配，图像和场景的解释和理解，以及基于它们的判断决策和行为规划等。另外，图像技术还可以包括为完成上述功能而进行的硬件设计及制作等方面的技术。

尽管计算机图像技术的历史可追溯到 1946 年第一台电子计算机的诞生，但在 50 年代，计算机主要还只用于数值计算，满足不了处理大数据量图像的要求。在 60 年代，第三代计算机的研制成功，以及快速傅里叶变换算法的发现和应用，使得对图像的某些计算得以实现，人们从而逐步开始利用计算机对图像进行加工利用。在 70 年代，图像技术有了长足的进步，而且第一本重要的图像处理方面的专著也得以出版。到了 80 年代，各种硬件的发展使得人们不仅能处理二维图像，而且开始处理三维图像，从而使图像技术得到了更广泛的应用。进入 90 年代，图像技术已逐步涉及人类生活和社会发展的各个方面。以近来发展比较快的多媒体技术为例，图像在其中占据了主要地位。广义上来说，文本、图形、视频等都需要借助于图像技术才能得以充分利用。展望 21 世纪，图像技术必将得到进一步的发展和应用，从而改变人们的生活方式以及社会结构。

3.1.3 图像工程

由于图像技术近年来得到极大的重视和长足的进展，出现了许多新理论、新方法、新算法、新手段、新设备。图像界一致认为需要对它们进行综合研究与集成应用，因此就提出了"图像工程"的概念[3]。图像工程的内容非常丰富，根据抽象程度和研究方法的不同可分为三个层次：图像处理、图像分析和图像理解，如图 3-1 所示。也就是，图像工程是既有联系又有区别的图像处理、图像分析及图像理解三者的有机结合，另外还包括它们的工程应用。

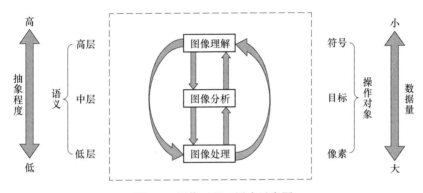

图 3-1　图像工程三层次示意图

图像处理着重强调在图像之间进行变换。虽然人们常用图像处理泛指各种图像技术，但比较狭义的图像处理主要指对图像进行各种加工，以改善图像的视觉效果，并为图像的自动识别提供基础，或对图像进行编码以减少对其所需存储空间或传输时间、传输通道的要求。

图像分析则主要是对图像中感兴趣的目标进行检测和测量，以获得它们的客观信息，从而建立对图像的描述。如果说图像处理是一个从图像到图像的过程，那么图像分析是一个从图像到数据的过程，这里的数据可以是对目标特征测量的结果，或是基于测量的符号表示。它们描述了图像中目标的特点和性质。

图像理解的重点是在图像分析的基础上，进一步研究图像中各目标的性质和它们之间的联系，并得出对图像内容含义的理解以及对原来客观场景的解释，从而指导和规划行动。如果说图像分析主要是以观察者为中心研究客观世界（主要研究可观察到的事物），那么图像理解在一定程度上是以客观世界为中心，借助知识、经验等来把握整个客观世界（包括没有直接观察到的事物）。

由上所述，图像处理、图像分析和图像理解是处在三个抽象程度和数据量各不相同的层次上。图像处理是比较低层的操作，它主要在图像的像素级上进行处理，处理的数据量非常大。图像分析则处于中层，分割和特征提取把原来通过像素描述的图像转变成比较简洁的非图像形式的描述。图像理解主要是高层操作，基本上是对从描述抽象出来的符号进行运算，其处理过程和方法与人类的思维推理有许多类似之处。另外，随着抽象程度的提高，数据量是逐渐减少的。具体来说，原始图像数据经过一系列的处理过程逐步转化为更有组织和用途的信息。在这个过程中，语义不断引入，操作对象发生变化，数据量得到了压缩。另外，高层操作对低层操作有指导作用，能提高低层操作的性能。

表面缺陷检测对图像的处理过程是一个从图像处理到图像分析再到图像理解的过程，涉及图像采集、图像去噪和滤波、图像分割、目标表达和目标识别等内容，这些内容包含的意义以及如何实现这些内容将在下面章节中详细介绍。

3.1.4 表面缺陷检测算法

表面缺陷在线检测有两个主要目标：缺陷的有效检出和检测的在线实现。缺陷的有效检出需要检测系统能够有效的"发现"缺陷、"分析"缺陷、"判别"缺陷。而检测的在线实现，则需要上述过程快速完成，与现代工业高速生产线的运行速度相匹配，尽量减少漏检、误检现象。综合目前表面缺陷在线检测领域的研究热点，总结归纳该方向对于图像处理有以下几个方面的难点和关键问题。

（1）高质量图像的获取。缺陷有效检出的首要条件是有效的"发现"缺陷，对于机器视觉系统来说，就是让成像装置"看到"缺陷。高质量图像的获取是机器视觉系统成功应用的第一步关键所在。机器视觉所有的计算、分析、判断工作，都是以成像装置采集到的图像为基础。如果初始采集到的图像各种信息相互混淆，或者噪声污染严重导致缺陷淹没，那么将给后续的分析工作带来极大麻烦，一方面算法复杂度大大增加，导致运算时间增加，无法在线实现；另一方面即使再复杂的算法也可能无法有效检出缺陷，误检、漏检率大大提升。高质量的图像就是尽可能地使目标信息与背景信息得到最佳分离，从而降低图像处理、分割、识别等算法的难度，提高运算速度和测量精度。适合的成像装置的设计是高质量图像获取的保证。

对于机器视觉系统来说，成像装置主要包括光源的选择、光照方式的设计两部分。随着高频荧光灯、半导体 LED 光源等视觉检测光源的发展，机器视觉光源在近年来有了很大的发展，但不同的光源在光谱范围、发光效率、强度、均匀性、方向性以及价格等方面都存在着差异。另外，光照方式的不同，如前向照明、背向照明、明域成像、暗域成像、直射光照明、漫射光照明等，对采集图像的效果也有很大的影响。缺陷在不同的光源、照明方式、图像采集方式下会有不同的图像特征体现。因此，如何根据被测物的特点，根据检测目标需求，选择合适的光源及光照方式，获得利于图像分析的高质量图像，是表面缺陷在线检测的一个关键问题。

（2）缺陷的分割。有了高质量的图像，下一步的任务就是缺陷目标的分割[4]，只有有效地分割出目标缺陷，才能够进行后续的特征提取和缺陷判别。简单说，缺陷目标在图像上的表现特征就是与背景存在差异的地方，这种差异包括颜色、灰度、纹理等。分割就是根据缺陷目标与背景的差异去定位缺陷目标，并通过目标边缘轮廓或外接矩形将缺陷目标提取出来。表面缺陷分割的难点在于复杂背景环境下目标的判别。对于背景灰度均匀的检测对象，理论上只要缺陷目标与背景灰度存在差异，比较容易提取缺陷。但在实际应用中，现场环境的粉尘、噪声、泥点、蚊虫等异物，都容易干扰缺陷的提取。而对于背景复杂的检测对象，例如存在纹理花案的布匹，因为背景的纹理花案本身存在灰度差异性，所以仅以灰度差异、突变边缘等条件进行缺陷提取则根本无法实现，常用的方法是模板匹配法，但模板匹配法还存在着图像配准的问题。因此，应该说没有任何一种算法能够适合所有场景的图像分割问题。应该根据被测目标的特点、缺陷特点、现场环境、可能存在的干扰、干扰源的特点等等来选择和设计缺陷分割算法。因此，合理有效的缺陷分割算法设计是表面缺陷在线检测的一大难点。

（3）缺陷的判别。对于表面缺陷检测，在缺陷有效的分割之后，要进行缺陷的判别[5]。这里，缺陷的判别包括缺陷识别、缺陷分类、真伪缺陷判断、缺陷参数给出等问题。如果将缺陷的判别过程看作是一个"黑盒子"，那么这个"黑盒子"的输入是缺陷图像的各种特征数据，输出是判别结果（类型、参数等）。图像特征数据是根据目标图像提取出的指标数据，要体现该目标自身的特点，并体现与其他目标相同和不同之处，是目标判别的重要依据。但缺陷图像的表现形式具有任意性，例如相同的缺陷图像，因为大小、面积等不同可能呈现出不同的图像特征；而不同缺陷图像，又可能在几何尺寸上呈现相同的图像特征。那么如何提取图像特征，以及如何选择重要特征去除无意义的特征，减少特征数量上的冗余度，使保留特征表现出相同缺陷的同类性，不同缺陷的差异度，是算法设计上需要考虑的关键问题。

判别过程的"黑盒子"，就是模式分类器。模式分类器设计存在两个关键问题：一是传统的基于经验风险最小化的分类器在小样本支持下的准确率问题；二是分类器的准确率与分类器的复杂度及其训练时间决策时间的问题。因此，如何根据检测需求，根据缺陷目标特征，设计准确、快速的模式分类器，是表面缺陷在线检测的又一关键问题。

（4）算法效率分析。算法的效率体现在算法的准确性（即算法能够实现检测目标需求的程度）、算法的复杂度和算法运行时间三个方面。从算法本身来看，算法的有效性、复杂度和实时性存在矛盾。通常，算法准确性的提高意味着算法复杂度的增加，算法复杂度的增加意味着算法实时性的降低。因此，如何平衡实时性和准确性，研究高效高速的图像处理算法，是表面缺陷在线检测的又一难点。

（5）在线检测软件结构设计。图像应用的一大难题就是数据量巨大。尽管随着近年来图像采集器件、传输介质、计算机处理器等硬件设备的高速发展，图像实时应用越来越多的成为可能。但另一方面，人们对检测指标的要求也越来越高。高精度的检测指标需要高分辨率的传感器来支持，高分辨传感器提高了测量精度，但却使得处理的数据量以及相应的计算量大幅增长。表面缺陷检测的一个重要领域是宽幅面、高速连续运行的在线检测，这类检测的特点就是数据量大、速度要求高。以某带钢表面缺陷在线检测项目为例，钢板幅宽为 1800mm，在线检测速度为 1.5m/s，采用 4096 像素的线阵 CCD 相机，假设钢板运行方向与宽度方向的检测分辨率均为 0.25mm/pixel，则单台相机采集宽度为 4096×0.25mm/pixel＝1024mm，采用两台线阵 CCD 相机布置在钢板宽度方向上同步检测即可覆盖 1800mm 的板宽。相机的采集速度为 $1.5\text{m/s} \times 10^3/0.25\text{mm} = 6000$ 行/s，因此单台相机采集的灰度图像数据处理量为 4096 像素×6000 行/s＝24.6m/s，整套系统数据处理量为 4×24.6m/s＝98.3m/s，而如果用彩色相机，则数据量是灰度图像的 3 倍。

因此，表面缺陷视觉在线检测的实现还需要一个设计良好、性能优化的软件结构，安排好数据流向问题，实现数据分层处理，保证表面缺陷检测系统的快速、在线运行。

3.2　图像预处理算法

　　钢铁厂一般来说环境嘈杂，各种粉尘碎屑污染随处可见，再加上各种设备的不规则振动，对于表面检测系统而言是极大的干扰，采集到的图像经常带有大量噪声，除了在硬件设备上采用各种技术来尽可能避免以外，对于原始图像的预处理也十分重要。

　　图像预处理技术主要有两种方法：空间域法和频率域法。空间域方法主要是在空间域内对图像像素直接运算处理。频率域方法就是在图像的某种变换域，对图像的变换值进行运算，如先对图像进行傅里叶变换，再对图像的频谱进行某种计算（如滤波等），最后将计算后的图像逆变换到空间域。本节首先讨论直方图修正方法，然后介绍各种滤波技术。

3.2.1　直方图修正

　　许多图像的灰度值是非均匀分布的，其中灰度值集中在一个小区间内的图像是很常见的。直方图均衡化是一种通过重新均匀地分布各灰度值来增强图像对比度的方法。经过直方图均衡化的图像对二值化阈值选取十分有利。一般来说，直方图修正能提高图像的对比度，因此在处理钢板图像时非常有用。

　　直方图修正[6]的一个简单例子是图像尺度变换：把在灰度区间 $[a, b]$ 内的像素点映射到 $[z_1, z_k]$ 区间。一般情况下，由于曝光不充分，原始图像灰度区间 $[a, b]$ 常常为空间 $[z_1, z_k]$ 的子空间，此时，将原区间内的像素点 z 映射成新区间内像素点 z' 的函数表示为：

$$z' = \frac{z_k - z_1}{b - a}(z - a) + z_1 \tag{3-1}$$

上述映射关系实际上将 $[a, b]$ 区间扩展到区间 $[z_1, z_k]$ 上，使曝光不充分的图像黑的更黑，白的更白。

　　若要突出图像中具有某些灰度值物体的细节，而又不牺牲其他灰度上的细节，可以采用分段灰度变换，使需要的细节灰度值区间得到拉伸，不需要的细节得到压缩，以增强对比度。当然也可以采用连续平滑函数进行灰度变换。

3.2.2　线性滤波器

　　图像常常被强度随机信号（也称为噪声）所污染。一些常见的噪声有椒盐（Salt & Pepper）噪声、脉冲噪声、高斯噪声等。椒盐噪声含有随机出现的黑白强度值。而脉冲噪声则只含有随机的白强度值（正脉冲噪声）或黑强度值（负脉冲噪声）。与前两者不同，高斯噪声含有强度服从高斯或正态分布的噪声。

　　线性平滑滤波器去除高斯噪声的效果很好，且在大多数情况下，对其他类型的噪声也有很好的效果。线性滤波器使用连续窗函数内像素加权和来实现滤波。特别典型的是，同一模式的权重因子可以作用在每一个窗口内，也就意味着线性滤波器是空间不变的，这样就可以使用卷积模板来实现滤波。如果图像的不同部分使用不同的滤波权重因子，且仍然可以用滤波器完成加权运算，那么线性滤波器就是空间可变的。任何不是像素加权运算的滤波器都属于非线性滤波器。非线性滤波器也可以是空间不变的，也就是说，在图像的任何位置上可以进行相同的运算而不考虑图像位置或空间的变化。下面主要介绍两种线性滤波器，均值滤波器和高斯滤波器。

（1）均值滤波器。最简单的线性滤波器是局部均值运算，即每一个像素值用其局部邻域内所有值的均值置换：

$$h[i, j] = \frac{1}{M} \sum_{(k, l) \in N} f[k, l] \tag{3-2}$$

式中，M 是邻域 N 内的像素点总数。例如，在像素点 $[i, j]$ 处取 3×3 邻域，得到：

$$h[i, j] = \frac{1}{9} \sum_{k=i-1}^{i+1} \sum_{l=j-1}^{j+1} f[k, l] \tag{3-3}$$

对于卷积模板中的每一点 $[i, j]$，有 $g[i, j] = 1/9$。这一结果表明，均值滤波器可以通过卷积模板的等权值卷积运算来实现。实际上，许多图像处理运算都可以通过卷积来实现。

邻域 N 的大小控制着滤波程度，对应大卷积模板的大尺度邻域会加大滤波程度。作为去除大噪声的代价，大尺度滤波器也会导致图像细节的损失。在设计线性平滑滤波器时，选择滤波权值应使得滤波器只有一个峰值，称之为主瓣，并且在水平和垂直方向上是对称的。一个典型的 3×3 平滑滤波器的权值模板如图 3-2 所示。

$\frac{1}{16}$	$\frac{1}{8}$	$\frac{1}{16}$
$\frac{1}{8}$	$\frac{1}{4}$	$\frac{1}{8}$
$\frac{1}{16}$	$\frac{1}{8}$	$\frac{1}{16}$

图 3-2　3×3 平滑滤波器模板

线性平滑滤波器去除了高频成分和图像中的锐化细节，例如：会把阶跃变化平滑成渐近变化，从而牺牲了精确定位的能力。空间可变滤波器能调节权值，使得在相对比较均匀的图像区域上加大平滑量，而在尖锐变化的图像区域上减小平滑量。

（2）高斯滤波器。高斯滤波器[7]是一类根据高斯函数的形状来选择权值的线性平滑滤波器。高斯平滑滤波器对去除服从正态分布的噪声是很有效的。一维零均值高斯函数为：

$$g(x) = e^{-\frac{x^2}{2\sigma^2}} \tag{3-4}$$

式中，高斯分布参数 σ 决定了高斯滤波器的宽度。对图像处理来说，常用二维零均值离散高斯函数作平滑滤波器。这种函数的图形如图 3-3 所示，函数表达式为：

$$g[i, j] = c e^{-\frac{i^2+j^2}{2\sigma^2}} \tag{3-5}$$

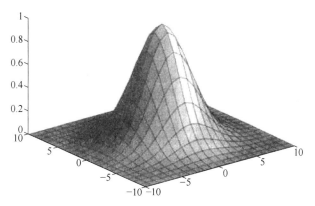

图 3-3　二维零均值高斯函数示意图

高斯函数具有以下 5 个重要的性质：

1）二维高斯函数具有旋转对称性，即滤波器在各个方向上的平滑程度是相同的。一般来说，一幅图像的边缘方向是事先不知道的，因此，在滤波前是无法确定一个方向上比另一方向上需要更多的平滑。旋转对称性意味着高斯平滑滤波器在后续边缘检测中不会偏向任一方向。

2）高斯函数是单值函数。这表明，高斯滤波器用像素邻域的加权均值来代替该点的像素值，而每一邻域像素点权值是随该点与中心点的距离单调增减的。这一性质是很重要的，因为边缘是一种图像局部特征，如果平滑运算对离算子中心很远的像素点仍然有很大作用，则平滑运算会使图像失真。

3）高斯函数的傅里叶变换频谱是单瓣的。正如下面所示，这一性质是高斯函数傅里叶变换等于高斯函数本身这一事实的直接推论。图像常被不希望的高频信号所污染（噪声和细纹理）。而所希望的图像特征（如边缘），既含有低频分量，又含有高频分量。高斯函数傅里叶变换的单瓣意味着平滑图像不会被不需要的高频信号所污染，同时保留了大部分所需信号。

4）高斯滤波器宽度（决定着平滑程度）是由参数 σ 表征的，而且 σ 和平滑程度的关系是非常简单的。σ 越大，高斯滤波器的频带就越宽，平滑程度就越好。通过调节平滑程度参数 σ，可在图像特征过分模糊（过平滑）与平滑图像中由于噪声和细纹理所引起的过多的不希望突变量（欠平滑）之间取得折中。

5）由于高斯函数的可分离性，大高斯滤波器得以有效地实现。二维高斯函数卷积可以分两步来进行，首先将图像与一维高斯函数进行卷积，然后将卷积结果与方向垂直的相同一维高斯函数卷积。因此，二维高斯滤波的计算量随滤波模板宽度成线性增长而不是成平方增长。

以上这些性质表明，高斯平滑滤波器无论在空间域还是在频率域都是十分有效的低通滤波器，且在实际图像处理中得到了工程人员的有效使用。

3.2.3　非线性滤波器

（1）中值滤波。中值滤波的基本思想是用像素点邻域灰度值的中值来代替该像素点的灰度值，该方法在去除脉冲噪声、椒盐噪声的同时又能保留图像边缘细节，这是因为它不依赖于邻域内那些与典型值差别很大的值。中值滤波器在处理连续图像窗函数时与线性滤波器的工作方式类似，但滤波过程却不再是加权运算。例如，取 3×3 函数窗，计算以点 $[i, j]$ 为中心的函数窗像素中值步骤如下：

1）按强度值大小排列像素点。

2）选择排序像素集的中间值作为点 $[i, j]$ 的新值。

一般采用奇数点的邻域来计算中值，但如果像素点数为偶数时，中值就取排序像素中间两点的平均值。

中值滤波在一定条件下，可以克服线性滤波器（如均值滤波等）所带来的图像细节模糊，而且对滤除脉冲干扰即图像扫描噪声最为有效。在实际运算过程中并不需要图像的统计特性，也给计算带来不少方便。但是对一些细节多，特别是线、尖顶等细节多的图像不宜采用中值滤波。

（2）边缘保持滤波。均值滤波的平滑功能会使图像边缘模糊，而中值滤波在去除脉冲噪声的同时也将图像中的线条细节滤除掉。边缘保持滤波器是在上述两种滤波器的基础上发展的一种滤波器，该滤波器在滤除噪声脉冲的同时，又不至于使图像边缘十分模糊。

边缘保持算法的基本过程如下：对灰度图像的每一个像素点 $[i, j]$ 取适当大小的一个邻域（如3×3邻域），分别计算 $[i, j]$ 的左上角子邻域、左下角子邻域、右上角子邻域和右下角子邻域的灰度分布均匀度 V，然后取最小均匀度对应区域的均值作为该像素点的新的灰度值。

计算灰度均匀度的公式为：

$$V = \sum f^2(i, j) - (\sum f(i, j))^2/N \tag{3-6}$$

也可以用下式计算：

$$V = \sum (f_{ij} - \bar{f})^2 \tag{3-7}$$

3.2.4 形态滤波器

形态滤波器（Morphological Filters）[8]是从数学形态学中发展出来的一种新型的非线性滤波器，也是目前诸多非线性滤波中进展最快、应用前景最广的一种。它已经成为非线性滤波器领域中最具代表性和很有发展前景的一种滤波器，因而受到了国内外学者的普遍关注和广泛研究。形态滤波器是基于信号的几何特征，利用预先定义的结构元素（相当于滤波窗）对信号进行匹配，以达到提取信号、保持细节和抑制噪声的目的。本节主要介绍后续章节中将要用到的一些基本的形态滤波方法，如果读者对形态滤波方法感兴趣，可参考文献［8］。

（1）二值图像形态滤波。二值形态学的基本运算有腐蚀（Erosion）、膨胀（Dilation）、开运算（Opening）和闭运算（Closing）。

1）腐蚀与膨胀。输入图像 A 被结构元素 B 腐蚀，表示为 $A\Theta B$，定义为：

$$A\Theta B = \{x: B + x \subset A\} \tag{3-8}$$

输入图像 A 被结构元素 B 膨胀，表示为 $A\oplus B$，定义为：

$$A \oplus B = \{x: (-B + x) \cap A \neq \phi\} \tag{3-9}$$

腐蚀和膨胀的实现都是基于填充结构元素的概念，它们互为对偶运算。腐蚀具有收缩图像的作用，利用腐蚀运算可以消除物体的边界点，同时会将小于该结构元素的物体去除。膨胀具有扩大图像的作用，将与目标物体接触的背景点合并到目标物体中的过程。如果两个物体之间距离比较近，那么膨胀运算可能会使这两个物体连通在一起。另外，如果两个物体之间有细小的连通，当结构元素足够大时，通过腐蚀可以将两个物体分开。

2）开闭运算。利用图像 B 对图像 A 作开运算，定义为：

$$A \circ B = (A\Theta B) \oplus B \tag{3-10}$$

利用图像 B 对图像 A 作闭运算，定义为：

$$A \cdot B = (A \oplus B)\Theta B \tag{3-11}$$

开运算是一个先腐蚀后膨胀的操作，一般使对象的轮廓变得光滑，断开狭窄的间断和消除细的突出物。而闭运算和它互为对偶运算，是先膨胀后腐蚀的操作，它同样使轮廓线更为光滑，但与开运算相反的是，它通常消除狭窄的间断，消除小的孔洞，并填补轮廓线中的断裂。图 3-4 为一幅图像经过腐蚀、膨胀、开运算和闭运算后的图像，选 7×7 结构元素。

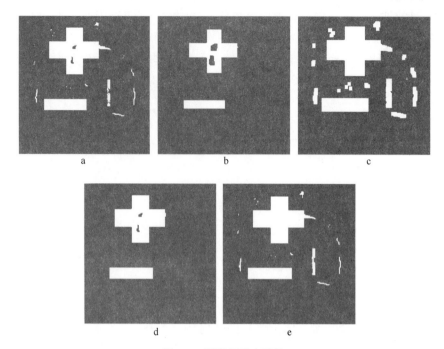

图 3-4 图像的形态滤波

a—原图；b—腐蚀；c—膨胀；d—开运算；e—闭运算

（2）灰度图像形态滤波。二值形态学的基本运算都可推广至灰度图像的处理。

1）膨胀与腐蚀。用结构元素 $b(s, t)$ 对输入图像 $f(x, y)$ 进行的灰度膨胀表示为 $f \oplus b$，定义为：

$$(f \oplus b)(x, y) = \max\{f(x - s, y - t) + b(s, t) \mid (x - s), (y - t) \in D_f; (s, t) \in D_b\}$$

$$(3\text{-}12)$$

用结构元素 $b(s, t)$ 对输入图像 $f(x, y)$ 进行的灰度腐蚀表示为 $f \ominus b$，定义为：

$$(f \ominus b)(x, y) = \min\{f(x + s, y + t) - b(s, t) \mid (x + s), (y + t) \in D_f; (s, t) \in D_b\}$$

$$(3\text{-}13)$$

这里 D_f 和 D_b 分别是 f 和 b 的定义域。

2）开闭运算。灰度图像开闭运算的表达式与二值图像相比具有相同的形式。结构元素 $b(s, t)$ 对图像 $f(x,y)$ 做开运算可定义为 $f \circ b$，即：

$$f \circ b = (f \ominus b) \oplus b \tag{3-14}$$

结构元素 $b(s, t)$ 对图像 $f(x, y)$ 做闭运算可定义为 $f \cdot b$，即：

$$f \cdot b = (f \oplus b) \ominus b \tag{3-15}$$

与二值开闭运算情况相同，灰值开闭运算互为对偶运算，开运算是先腐蚀后膨胀的过程，闭运算是先膨胀后腐蚀的过程。灰值开运算处理可以去除图像中较小的亮点（相对于结构元素而言），同时保留了所有的灰度和较大的亮区特征不变。闭运算是先膨胀再腐蚀的运算，在膨胀操作去除较小暗细节，同时也使图像增亮，随后的腐蚀运算将图像调暗而不重新引入已去除的部分，所以在闭运算操作后的图像中小而暗的区域被去除，大而亮的区域的亮度特征并没有改变。

（3）Top-Hat 变换。Top-Hat[9] 变换是由形态学的基本运算（腐蚀、膨胀、开运算、闭运算）演化出来的运算，是一种常用的形态滤波方法，在冷轧带钢表面缺陷的检测中有重要应用。Top-Hat 变换又分为 WTH（White-Top-Hat）变换与 BTH（Black-Top-Hat）变换。WTH 的定义为：

$$Hat(f) = f - (f \circ b) \tag{3-16}$$

式中，f 为原始图像；b 为结构元素。BTH 的定义为：

$$Hat(-f) = (f \cdot b) - f \tag{3-17}$$

式中，f 为原始图像；b 为扁平结构元素。

由定义可以看出，WTH 变换是从一幅原始图像中减去对其作开运算后得到的图像。因为开运算是一种非扩展运算，处理过程处在原始图像的下方，故 $Hat(f)$ 总是非负的。在灰值图像分析中，这种方法对在较暗的背景中求较亮的像素聚集体（颗粒）非常有效，这种方法还可以检测图像中噪声污染的亮的边缘。所以 WTH 变换可以用于检测图像信号中的波峰。

BTH 变换使用作完闭运算后的图像减去原始图像。由于闭运算是扩展的，所以输出结果是非负的。它对在较亮的背景中求较暗的像素聚集体（颗粒）非常有效，这种方法还可以检测图像中被噪声污染的暗的边缘。BTH 变换可以作为波谷检测器。

在使用 Top-Hat 变换时，结构元素的选取对结果有很大影响，由于本文所用结构元素为扁平结构元素，在结构元素选取时应针对图像特征主要考虑结构元素的尺度、形状及方向。如果选用的结构元素小了，那么，开运算（WTH 变换）后的信号将与输入信号相同，从而 Top-Hat 变换图像将为零。同样作 BTH 运算时，如果结构元素选小了，那么作闭运算后的输出图像将与输入信号相同，从而 Top-Hat 变换图像将为零。关于 Top-Hat 变换结构元素的选取方法将在第 4 章结合冷轧带钢表面缺陷的检测进行详细说明。

在 Top-Hat 变换时，由于它是原始图像与开运算（WTH）作相减的运算（BTH 变换为闭运算与原始图像相减的运算），变换后灰度值会下降，图像变暗，因此 Top-Hat 变换通常与阈值技术相结合，对变换后的图像作二值化处理，标记出感兴趣的目标。

图 3-5 和图 3-6 所示分别为 Top-Hat 变换 WTH 和 BTH 运算的例子。在这里使用的结构元素为 5×5 扁平结构元素，原点在结构元素中心，结构元素的值 $b(s,t) = 0$。

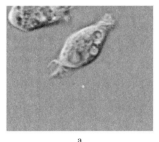 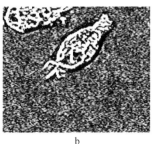 

a　　　　　　　　　　b　　　　　　　　　　c

图 3-5　Cell 图的 WTH 变换

a—Cell-原图；b—WTH 变换；c—阈值处理结果

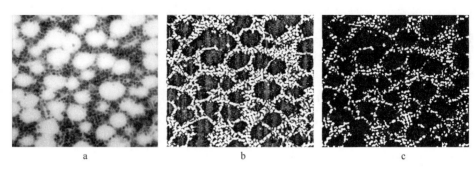

图 3-6　Bonemarr 图的 BTH 变换

a—Bonemarr-原图；b—BTH 变换；c—阈值处理结果

3.2.5　图像压缩

图像压缩是在图像信息量尽量不丢失的情况下减少图像数据量的方法，这对带钢表面缺陷在线检测而言尤为重要。目前，带钢生产速度已经达到 20m/s 以上，在带钢表面缺陷在线检测中，要完成图像的采集、传输、存储，并对采集到的图像进行去噪、滤波、图像分割、目标检测及后面的目标表达、目标识别等一系列工作，并且这些工作必须在短时间内完成，以满足在线检测要求。因此，在带钢表面缺陷在线检测中采用图像压缩算法非常重要。

由于原始图像的数据量非常大，如果直接对原始图像进行处理的话，那么所需的时间很长。可以考虑将图像数据进行压缩，同时对图像作滤波处理，保留图像中感兴趣目标的特征。本节提出分块缩小方法，将原始图像分成多个相邻的 $n×m$ 大小的方块，选取 $n×m$ 方块中的所有点的某个灰度统计值或某个点的灰度值作为缩小后图像的灰度值，这样图像的尺寸就能缩小为原来的 $1/(n×m)$。这样做的优点主要有：

(1) 所需处理的图像数据量大大减少，减少了算法处理时间。

(2) 能对原始图像进行滤波处理，平滑噪声或锐化我们感兴趣的目标。

(3) 针对带钢表面缺陷在线检测和形态滤波，用这种方法缩小图像时，图像中的缺陷尺寸相应变小，可以相应减小形态滤波中结构元素的尺寸，所需的处理时间也相应减少。

本节以把图像分成相邻的 3×3 像素子图像为例，在 3×3 子图像内像素值分别按照取中值、平均值、中心值、最大值、最小值替代 3×3 子图像像素值，分析其图像压缩的特性。

(1) 取中值。取中值压缩图像的思想主要来源于中值滤波。中值滤波属于非线性的顺序统计滤波器，它的基本原理是把数字图像或数字序列中一点的值用该点的一个邻域各点值的中值代替。中值滤波对很多种噪声都有良好的去噪能力，且在相同尺寸下比线性平滑滤波器的模糊少。基于这种思想，把分割后的 3×3 像素子图像中各点的值进行排序，然后取排序后的中值代替子图像的像素值，这样图像就缩小为原来的 1/9，达到图像压缩的目的。它的特点是原始图像的像素信息得到有效利用，在压缩图像的同时又起到了中值滤波的效果。

(2) 取平均值。取平均值压缩图像的思想主要来源于邻域均值滤波。均值滤波是一种空域平滑线性的滤波方法。均值滤波的过程是使一个窗口在图像上滑动，窗中心位置的值用窗内各点像素值的平均值来代替。这种方法的基本思想是用几个像素灰度的平均值来代替一个像素的灰度。基于这种思想，对分割后的 3×3 像素子图像的 9 个像素值求平均值，然后用计算得到的平均值代替子图像的像素值，这样图像就缩小为原来的 1/9，达到图像压缩的目的。它的特点是原始图像的像素信息得到有效利用，在压缩图像的同时又起到了邻域均值滤波的效果。

（3）取最大值。取最大值压缩图像是基于最大值滤波器发展而来的。最大值滤波器也是一种非线性的顺序统计滤波器，它的基本过程是使一个窗口在图像上滑动，在窗口的中心位置用窗口内的最大值代替。这种滤波器在发现图像中的亮点时非常有用，同样，因为"胡椒"噪声是非常低的值，所以它也可以有效消除"胡椒"噪声。基于这种思想，在分割后的 3×3 像素子图像的 9 个像素值中求最大值，然后用计算得到的最大值代替子图像的像素值，这样图像就缩小为原来的 1/9，达到图像压缩的目的。同时原始图像的像素信息得到有效利用，在压缩图像的同时又起到了最大值滤波的效果。

（4）取最小值。与最大值滤波压缩相反，最小值滤波压缩是基于最小值滤波器发展而来的。最小值滤波器也是一种非线性的顺序统计滤波器，它的基本过程是使一个窗口在图像上滑动，在窗口的中心位置用窗口内的最小值代替。这种滤波器在发现图像中的暗点时非常有用，同样，因为"盐"噪声是非常高的值，所以它也可以有效消除"盐"噪声。基于这种思想，在分割后的 3×3 像素子图像的 9 个像素值中求最小值，然后用计算得到的最小值代替子图像的像素值，这样图像就缩小为原来的 1/9，达到图像压缩的目的。同时原始图像的像素信息得到有效利用，在缩小图像的同时又起到了最小值滤波的效果。

（5）取中心值。取中心值缩小图像的方法与以上图像压缩方法有所差别。它是取分割后子图像的几何中心像素的值代替子图像的灰度值来缩小图像。这种方法的最大优点就是实时性好，对图像的压缩速度非常快，因为它不像以上几种方法那样需要对分割后的子图像的所有像素作统计比较等运算，而是直接取中心点的像素值，这就大大减少了它的运算量，从而提高了运算速度。

表 3-1 为对 cameraman 例图用各种不同压缩方法作处理所用时间的统计，可以看到取中心值压缩算法所需的时间最少（计算机配置为：处理器为奔Ⅲ 800Hz，内存 384MB，cameraman 图像为 256×256 像素，256 灰度图）。

表 3-1 对 cameraman 图像压缩处理时间统计表

处理方法	取中值	取平均值	取最大值	取最小值	取中心值
所用时间/ms	7.8	1.3	1.8	1.8	0.24

3.3 图像分割

所谓图像分割指的是根据灰度、颜色、纹理和形状等特征把图像划分成若干互不交迭的区域，并使这些特征在同一区域内呈现出相似性，而在不同区域间呈现出明显的差异性。本章先对目前主要的图像分割方法进行概述，后面各个章节再根据具体的缺陷样本制订分割算法。

3.3.1 基于阈值的分割方法

阈值法[10]的基本思想是基于图像的灰度特征来计算一个或多个灰度阈值，并将图像中每个像素的灰度值与阈值相比较，最后将像素根据比较结果分到合适的类别中。因此，该类方法最为关键的一步就是按照某个准则函数来求解最佳灰度阈值。

3.3.2 基于边缘的分割方法

所谓边缘是指图像中两个不同区域的边界线上连续的像素点的集合，是图像局部特征不连续性的反映，体现了灰度、颜色、纹理等图像特性的突变。通常情况下，基于边缘的分割方法指的是基于灰度值的边缘检测，它是建立在边缘灰度值会呈现出阶跃型或屋顶型变化这一观测基础上的方法。

阶跃型边缘两边像素点的灰度值存在着明显的差异，而屋顶型边缘则位于灰度值上升或下降的转折处。正是基于这一特性，可以使用微分算子进行边缘检测，即使用一阶导数的极值与二阶导数的过零点来确定边缘，具体实现时可以使用图像与模板进行卷积来完成。下面是一些典型边缘提取算子：

Roberts 算子：对具有陡峭的低噪声的图像处理效果较好。但是利用 Roberts 算子提取边缘的结果边缘比较粗，因此边缘定位不是很准确。

Sobel 算子：对灰度渐变和噪声较多的图像处理效果较好。Sobel 算子对边缘定位比较准确。

Prewitt 算子：对灰度渐变和噪声较多的图像处理效果较好。

Laplace 算子：拉普拉斯高斯算子经常出现双像素边界，并且该方法对噪声比较敏感；所以，很少用拉普拉斯高斯算子边缘检测，而是常用来判断边缘像素是位于图像的明区还是暗区。

Canny 算子：此方法不容易受噪声的干扰，能够检测真正的弱边缘。该方法的优点在于，使用两种不同的阈值分别检测强边缘和弱边缘，并且仅当弱边缘和强边缘相连时，才将弱边缘包含在输出图像中。因此，这种方法不容易被噪声填充，更容易检测出真正的弱边缘。

3.3.3 基于区域的分割方法[11]

此类方法是将图像按照相似性准则分成不同的区域，主要包括种子区域生长法、区域分裂合并法和分水岭法等几种类型。

（1）种子区域生长法是从一组代表不同生长区域的种子像素开始，接下来将种子像素邻域里符合条件的像素合并到种子像素所代表的生长区域中，并将新添加的像素作为新的种子像素继续合并过程，直到找不到符合条件的新像素为止。该方法的关键是选择合适的初始种子像素以及合理的生长准则。

（2）区域分裂合并法的基本思想是首先将图像任意分成若干互不相交的区域，然后再按照相关准则对这些区域进行分裂或者合并从而完成分割任务，该方法既适用于灰度图像分割也适用于纹理图像分割。

（3）分水岭法是一种基于拓扑理论的数学形态学的分割方法，其基本思想是把图像看作测地学上的拓扑地貌，图像中每一点像素的灰度值表示该点的海拔高度，每一个局部极小值及其影响区域称为集水盆，而集水盆的边界则形成分水岭。该算法的实现可以模拟成洪水淹没的过程，图像的最低点首先被淹没，然后水逐渐淹没整个山谷。当水位到达一定高度的时候将会溢出，这时在水溢出的地方修建堤坝，重复这个过程直到整个图像上的点全部被淹没，这时所建立的一系列堤坝就成为分开各个盆地的分水岭。分水岭算法对微弱的边缘有着良好的响应，但图像中的噪声会使分水岭算法产生过分割的现象。

3.3.4 基于图论的分割方法[12]

此类方法把图像分割问题与图的最小割（min cut）问题相关联。首先将图像映射为带权无向图 $G = <V, E>$，图中每个节点 $N \in V$ 对应于图像中的每个像素，每条边 $\in E$ 连接着一对相邻的像素，边的权值表示了相邻像素之间在灰度、颜色或纹理方面的非负相似度。而对图像的一个分割 S 就是对图的一个剪切，被分割的每个区域 $C \in S$ 对应着图中的一个子图。而分割的最优原则就是使划分后的子图在内部保持相似度最大，而子图之间的相似度保持最小。基于图论的分割方法的本质就是移除特定的边，将图划分为若干子图从而实现分割。基于图论的方法有 GraphCut、GrabCut 和 Random Walk 等。

3.3.5 基于能量泛函的分割方法

该类方法主要指的是活动轮廓模型（Active Contour Model）以及在其基础上发展出来的算法，其基本思想是使用连续曲线来表达目标边缘，并定义一个能量泛函使得其自变量包括边缘曲线，因此分割过程就转变为求解能量泛函的最小值的过程，一般可通过求解函数对应的欧拉（Euler Lagrange）方程来实现，能量达到最小时的曲线位置就是目标的轮廓所在。按照模型中曲线表达形式的不同，活动轮廓模型可以分为两大类：参数活动轮廓模型（Parametric Active Contour Model）和几何活动轮廓模型（Geometric Active Contour Model）。

参数活动轮廓模型是基于 Lagrange 框架，直接以曲线的参数化形式来表达曲线，最具代表性的是由 Kass et al（1987）所提出的 Snake 模型。该类模型在早期的生物图像分割领域得到了成功的应用，但其存在着分割结果受初始轮廓的设置影响较大以及难以处理曲线拓扑结构变化等缺点，此外其能量泛函只依赖于曲线参数的选择，与物体的几何形状无关，这也限制了其进一步的应用。

几何活动轮廓模型的曲线运动过程是基于曲线的几何度量参数而非曲线的表达参数，因此可以较好地处理拓扑结构的变化，并可以解决参数活动轮廓模型难以解决的问题。而水平集（Level Set）方法（Osher，1988）的引入，则极大地推动了几何活动轮廓模型的发展，因此几何活动轮廓模型一般也可被称为水平集方法。

3.4 特征提取

3.4.1 概述

图像特征提取因机器视觉产生而存在，计算机为识别图像而去提取作为图像成的相关像素点，并对像素点进行分析以确定其特征归属的过程就是图像特征提取。从变换或映射的角度来看，它是对某一模式的组测量值进行变换，以突出该模式具有代表性特征的一种方法，通过影像分析和变换，将部分区域的满足要求的特征点选取出来作为继续识别的信息输入。后续处理的起点缘于图像特征，对于特征而言，并没有一个万能的定义，它要依据具体问题或具体应用而确定。图像特征作为图像描述中的"有趣"部分，体现着图像本身的最基本属性，它能结合视觉进行量化表示。特征选取时应避免"维数灾难"，高维特征空间运算所带来的计算量将为后续处理带来不可忽视的障碍。一般来讲，良好的特征应具备可区分性、可靠性、独立性、数量少这四个方面的特点。

特征是一物异于他物的显著特点或是标志性特点，图像特征即指图像中的物体所具有的特征。图像特征是区分不同目标类别的依据，能够作为图像特征的因素应具有可重复性、可区分性、集中性等，而且能够应对亮度、旋转、尺度等变化的影响。对于图像特征的分类可以从不同的角度进行划分，此处仅从图像空间和特征空间两个角度考察，其中图像空间依从图像的底层特征，特征空间中体现的是原图变换后的高层特征，如图3-7所示。

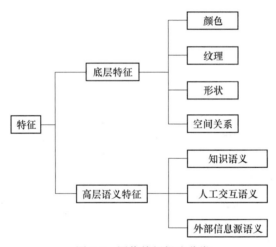

图 3-7　图像特征提取分类

3.4.2　常用的特征提取方法

图像特征提取方法主要可以分为以下四种：

（1）统计法。统计法比较典型的是灰度统计直方图法，该方法也是带钢表面缺陷图像常用的特征提取方法之一。此外，如果将图像作为一个二维的随机变量，那么统计学中的矩可以用以描述和分析图像。

（2）代数法。从组织图像数据的数据结构来看，图像可以表示为矩阵形式，灰度图像可用二阶矩阵来表示，代数特征反映的是图像的一种内在属性。从表示图像的矩阵中提取出的特征称为代数特征。因此，不同的代数变换或矩阵分解都可以用来提取图像的代数特征。图像代数特征提取是以存储图像数据的数据结构为基础利用矩阵理论提取图像特征的一种方法。

（3）图像变换法。对图像进行各种滤波变换如傅里叶变换、小波变换、小波包变换等，可以将变换的系数作为图像的一种特征。变换系数特征可以看作二次提取的特征。因为一般用于图像分类识别的特征并不是所有的变换系数，而是从变换系数中再提取具有更强表示能力的部分系数，也可以是变换系数的各种函数组合形式。

（4）神经网络法。随着神经网络的出现，许多问题都可以转化为将原始的数据送入神经网络，经过适当的训练就得到数据的特征集。在各种各样的人工神经网络模型中，在模式识别中应用最多也是最成功的当数多层前馈神经网络，其中又以采用学习算法的多层感知器习惯上简称为网络为代表。网络是一个将图像特征提取和模式分类融合在一起的神经网络；图像数据通过输入层进入网络，通过加权然后输入到隐层，而此时的隐层就相当于一个特征提取器，隐层的输出结果再作为输出层的输入。

3.4.3 几何特征提取

形状特征对于机器视觉是很重要的。当物体从图像中提取出来后，形状的描述对于物体的识别起着不可忽视的影响作用。形状特征一般从轮廓特征和区域特征两个角度描述。轮廓特征关注的是外边界，区域特征关注的是整个区域。不过，任何一个物体我们又都可以把它分解成若干个点、线、面，这样，对其形状特征的提取又更多地关注在点、线、面的提取方法上。

（1）点特征的提取方法。点是一切形态的基础。对于视觉系统而言，它是小而集中的形。二维空间中，可以将其理解为极小的面积，三维空间中，可以将其理解为极小的体积。点是一个零维度的存在，我们能够在空间中的物体上看到各种各样的点，但在特征提取中，点指那些明显点，比如：角点、交叉点、圆点等。其中，角点引发的研究探讨较多，有以曲率为出发点的，有以灰度为出发点的，还有以边缘为出发点的。不同的算法采用不同的算子进行特征点提取，这种算子被称为兴趣算子，如 Moravec 兴趣算子、Forstner 兴趣算子等。

（2）线特征的提取方法。从几何学的观点来看，一个点的任意移动构成线。线特征包含了边缘和线，边缘的意义在于区分不同特征的局部区域，而线则是划定相同特征区域的边缘对。边缘对人们辨别物体有很重要的意义，它所形成的连续完整的边界在很多时候可以帮助人们直接识别物体。边缘是点的集合，这些点具有的共性就是均在灰度突变处。边缘一般包括阶跃式和屋顶式两类，前者以灰度值的明显变化区分，后者为灰度值逐渐变化的中间点，体现形式如图 3-8 所示。

阶跃边缘   屋顶边缘

图 3-8　边缘特征

边缘提取通常遵循着滤波、增强、提取、定位四个步骤进行。滤波是为了得到平滑图像，增强是为了得到梯度图像或含过零点图，提取即可得到所需边缘点，定位的步骤可以依实际情况取舍。迄今为止，边缘提取的方法很多，若按尺度提取分类的话，可分为单一尺度边缘提取和多尺度边缘提取。单一尺度边缘提取方法主要包括如微分法、拟合法为代表的局部运算方法及如松弛法、神经网络分析法为代表的全局运算方法。多尺度边缘提取方法主要包括人为设置尺度法、基于知识的计算尺度法和自动确定滤波尺度法。

（3）面特征的提取方法。面是一种数学的构成方式，由线结合而成，当平面上多点连接时自然构成面，同时，线的封闭或展开也会形成面，另外，在点布满的时候也就是面。面积、周长、重心等都是一种面特征，它们都明确显示了一些区域信息，这些区域信息也是我们在进行特征提取时所针对的要素。其中，重心由于其自身所具有的不变性及稳定性，常常将它作为区域特征。面特征提取经常采用的方法是分割方法，以分割精度作为匹配指标。

3.4.4　灰度直方图特征提取

在数字图像处理中，一种最简单的工具是灰度直方图。它概括了一幅图像的灰度级内容。灰度直方图是灰度级的函数，描述的是图像中具有该灰度级的像素的个数。其横坐标是灰度级，纵坐标是该灰度出现的频率像素的个数。设图像的灰度值量化为个灰度级，令 $i=0,1,2,\cdots,j-1$，第 i 个灰度级的像素总数为 $N(i)$，而整幅图像的像素总数为 M，那么灰度出现的概率为：

$$p(i) = \frac{N(i)}{M} \tag{3-18}$$

以 i 为横坐标，就得到一阶灰度直方图，也就是灰度值的一阶概率分布。根据图像的一阶灰度直方图可提取下列数学统计量特征。直方图的形状提供了有关图像特征的许多信息。例如，当直方图表现为较窄的峰时，说明图像中的灰度反差较低；当直方图出现双峰时，说明图像中有不同亮度的两种区域，如果直方图的峰值显示出偏向低亮度，可定性的判断它的平均亮度低。灰度直方图虽然不一定能反映某种纹理特征，但它是一幅图像最基本的灰度特征度量。从统计角度看，直方图代表了区域的概率密度函数。因此，它的统计测度可以作为相互类别之间的特征差异。

3.4.5　图像变换系数特征提取

对图像进行各种滤波变换如傅里叶变换、小波变换、小波包变换等，可以将变换的系数作为图像的一种特征。变换系数特征可以看作二次提取的特征。因为一般用于图像分类识别的特征并不是所有的变换系数，而是从变换系数中再提取具有更强表示能力的部分系数，也可以是变换系数的各种函数组合形式，如提取主成分、提取小波能量等。所以变换系数特征一般具有表示能力强、特征维数低等特点，但是特征的语义不直观，需要先对分类识别的图像进行某种变换。

3.4.6　图像纹理特征提取

纹理是人类识别物体的重要特征。纹理在图像中表现为不同的亮度与颜色。从纹理构成的基本要素来看，纹理是某种规律的体现，在缓慢地、近周期性的变化中，纹理反映出同质现象。纹理很直观，但在进行特征提取时需充分考虑维数、稳定性、复杂性等。由于对于纹理的认识和考察角度不同，纹理并没有一个准确的定义，从而也导致对于纹理特征提取的方法也有很多种，目前，纹理特征提取的方法主要有统计方法、模型方法、结构方法和信号处理方法，针对每种方法的特性又产生了各种各样的算法。

（1）统计方法。纹理貌似繁乱，实则具有一定的规律性，这种规律性就为统计方法的产生提供了条件。统计方法以像元及领域的灰度属性为基础，实现起来比较容易。依此思想所提出的算法主要有：自相关函数、灰度共生矩阵法、灰度-梯度共生矩阵分析法、半方差图等。算法虽众多，但有些算法实际运行效果不是很好，效率较低，能被研究人员所关注的就是几种主要算法。

（2）模型分析法。模型方法顾名思义就是要通过建立模型解决问题。基本想法是先假定纹理符合某种模型分布，此时，特征提取就转化为参数估计，然后重点考虑模型参数的估计。经常使用的模型方法有随机场方法和分形方法两种。随机场方法参考概率模型作为建立模型依据，通过定量的信息计算，推测所需模型参数，在聚类的基础上再形成模型参数，而后进行概率估计确定其归属可能性。分形方法是因自然纹理在图像尺度变化过程所保有的自相似性而产生，该方法所需解决的核心问题是分形维数，分数维的准确估计是各种算法设计的关键。

（3）结构方法。结构方法遵循了复杂问题简单化的思想，即将复杂纹理分解为相对简单的纹理基元。纹理虽然看起来复杂，但很多人工纹理是比较规则的，这种规则性，让我们不难从中找到其纹理基元及纹理基元的有序排列，从而以图状、树状等语法结构对其描述。由于结构方法对规则性的要求，所以它较适合高层检索，而对于不容易得到基元的自然纹理求解相对困难。比较有代表性的结构方法有两种，即句法纹理描述和数学形态学法。

3.5 分类器设计

图像识别属于模式识别的一种，它研究的主要内容是某些对象或过程的分类与描述。图像识别已经广泛用于人们工作和生活的各个方面，如天气预报、医学诊断、人脸和指纹识别、工业产品的检测等领域，并取得了很好的效果。图像识别的理论方法很多，具有代表性的有三种：统计图像识别、模糊图像识别和神经网络图像识别。本节只介绍这些分类器的基本概念，具体实现在后面章节中结合实际应用详细介绍。

3.5.1 缺陷识别方法

（1）统计方法。统计方法主要是利用统计决策与估计理论对模式进行分类，它适用于特征数值化的场合，如地震波解释、机械设备运行状态识别与分析等。统计方法对待识别体可以用一个或一组数值来表征，从传感器等数据采集装置得到的一系列数值，经相应的预处理后，得到表征该类客体并借以与异类客体相区分的，呈现某种统计特性的矢量集合。统计模式识别就是利用客体的这一特性，研究各种划分特征空间的方法，来判别待识客体的归属。但是，统计方法对特征的选择没有建立统一的理论。

（2）句法方法。句法方法也叫结构模式识别方法，它建立在形式语言的早期研究成果和对计算机语言研究的成果之上，并已发展成为一个独立的科学分支。句法方法提倡对模式进行结构描述和分析，即当客体复杂且类别很多时，将导致统计数据剧增，难以得到表征该模式类的矢量集，或由于维数过高使计算成为不现实，这时人们转而寻找它们内在的结构特征，即将一复杂模式逐级分解为若干简单的、易于识别的子模式的集合，并模仿语言学中句法的层次结构，运用形式语言与自动化技术来识别。句法方法不局限于数理语言且在解决模式识别问题的过程中大大扩展了形式语言的理论，从而使结构模式识别超出了语言学理论的范畴。

（3）模糊识别方法。模糊识别方法[13]是用模糊数学的理论方法来实现模式识别。人们习惯使用定性符号特征和定量特征两种方式来描述模式，模糊集理论则为它们提供了一种联系。这种方法处理的对象一般是带有模糊性的模式识别问题。主要针对识别对象本身的模糊性或识别要求上的模糊性。实现模糊模式识别的方法和途径有很多种，目前主要有隶属原则和择近原则、模糊聚类分析、模糊相似选择与信息检索、模糊逻辑与模糊形式语言、模糊综合评判、模糊控制技术等。一种待识客体的模糊特性能否充分利用，其关键在于是否能获得（或建立）良好的隶属函数。

（4）基于神经网络的智能模式识别[14]。由于神经网络在自学习、自组织、自联想及容错等方面的优良特性，可以用神经网络建立以识别结果为反馈信号，具有自动选择特征能力的自适应模式识别系统。同时还可能从神经网络模型中得到最灵活的联想存储器，它既能有效地按内容进行检索，又能够从局部残存的信息联想到整体。用神经网络实现模式识别算法的意义，不仅仅在于神经网络可快速实现递归过程，而且（可能是更主要的）还在于：用神经网络的观点来研究模式信息处理可以激励人们创造性地发现新的方法。目前人们正在深入探讨人工神经网络用于模式识别的潜力。

表 3-2 对统计方法、句法方法和神经网络方法作了比较分析。

表 3-2　统计方法、句法方法和神经网络方法的比较

比较内容	统计方法	句法方法	神经网络方法
模式生成基础	概率模型	形式语言	稳定态或权阵列
模式分类（识别描述）基础	估计/决策理论	语法分析	基于人脑特征
特征组织	特征矢量	初始数据和可测的关联度	神经元输入或存储状态
典型学习方法	密度/分布估计聚类	形式语言聚类	确定网络参数聚类
局限性	难于表达结构信息	难于学习结构规则	网络缺少符号信息

3.5.2　基于 BP 网络的分类器设计

3.5.2.1　分类器的设计

分类器的设计包括建立分类器的逻辑结构和分类规则的数学基础。通常对每一个输入的对象，分类器应该计算出表示该对象与每个类型之间的相似程度，以便确定该对象属于哪一类。

大多数分类器的分类规则最终都归结为一个阈值规则，根据这个阈值规则，可以将测量空间划分为互不重叠的区域，每一类别对应一个（或多个）区域。如果对象的特征值落在某个区域中，那么就可以将该对象归入对应的类别中。在某些情况下，有些区域可能对应于"无法确定"的类别。

一旦分类器的基本决策规则确定以后，需要确定划分类别的阈值。一般的做法是用一组已知的对象来训练分类器。训练集是由每个类别中已被正确识别的一部分对象组成的。

对这些对象进行度量，并将度量空间用决策面划分成不同的区域，使得对训练样本集的分类准确性最高。

当训练分类器时，可以使用简单的规则，诸如将分类的误差降低到最小值等。如果希望某些分类的误差要小于其他分类的误差，可以使用"风险函数"，对不同的分类误差采用适当的加权。这时，决策规则就变为使分类器决策造成的"风险度"达到最低。

训练样本集应该尽量代表对象集的总体分布，因此样本集中必须包含所有的对象类型，包括一些很少见的对象。如果样本集中没有包含一些不常见的对象，那么样本集就不具有代表性。

用分类器对一组已知类别的对象测试集进行分类，分类的结果可以用来估计分类器的性能。如果直接将训练集作为测试集来评价分类器的整体性能，那么得到的结果会偏于乐观。较好的方法是使用一个独立的测试集来评价分类器的性能，但这样无疑增加了需要预先分类的样本数量。

3.5.2.2 BP 网络基本原理

自 20 世纪 80 年代以来，神经网络的研究在国内外广泛兴起。各国投入大量的人力、物力从事有关神经网络模型、理论、应用和实现等方面的研究，其中，神经网络的应用，特别是在信号处理（包括模式识别和智能控制）领域中的应用，极为引人注目。在模式识别方面，以特征提取为基础的方法遇到了极大的困难，如何表示和提取特征，需要多少特征，都存在很大的盲目性和低效率。识别过程必须经历从数据获取、特征提取到判决几个阶段，所需的运算使得系统难以满足实时性要求。为此必须寻求一种新的理论和技术来解决这类问题，神经网络正是解决这类问题的有力工具。神经网络是由大量处理单元（神经元）广泛互连而成的网络，它是在现代神经生物学和认知科学对人类信息处理研究的成果的基础上提出来的。神经网络具有很强的自适应能力、学习能力、容错能力和鲁棒性，从而可以代替复杂耗时的传统算法，使信号处理过程更接近人类思维活动。利用神经网络高度并行运算能力，可以实时实现难以用其他数字计算技术实现的最优信号处理算法。神经网络不仅是信号处理的工具，而且还是一种新的方法论，利用它可以研究出许多与传统信号处理根本不同的新理论、新方法。

由于神经元的非线性特征，以及它们之间的不同连接关系构成了不同的神经网络模型。BP 网络是目前应用最为广泛的神经网络模型之一，在神经网络中占有十分重要的地位。

BP 网络是一种多层的前向网络[15]，如图 3-9 所示。它包括输入层、输出层和隐含层，隐含层可以是多层结构。

BP 网络的学习过程包括两个阶段：第一阶段计算前向输出；第二阶段从反向调整连接权矩阵。

在前向传播过程中，输入信息从输入层经隐含层逐层处理，并传向输出层，每一层神经元的输出作为上层神经元的输入。如果在输出层，实际输出值与期望输出值有误差时，则以反向将误差信号逐层修改连接权系数和阈值，反复迭代，最后使实际输出值与期望值的均方差为最

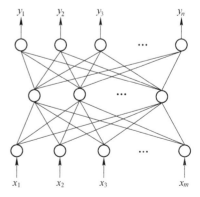

图 3-9　BP 网络的拓扑结构

小。在修正连接权系数时，通常采用梯度下降算法。

BP 网络是一种连续型模型，即它的输出值是连续值，而不是 0-1 值。神经元的转换函数通常选用 Sigmoid 型函数，如：

$$f(x) = \frac{1}{1 + e^{-x}} \tag{3-19}$$

BP 网络的算法很多文献都有介绍，这里不再具体叙述。

3.5.2.3　BP 网络分类器设计时应考虑的问题

网络的大小对于网络的性能和计算量来说都至关重要。对于 BP 网络，其输入层的神经元数量等于特征向量的维数，而输出层的神经元数量则通常与需要识别的类别数目相同。

在多数情况下，隐含层的神经元数比输入层的神经元数小得多，这样做可以避免过度训练。但是，隐含层中的神经元数太少会使网络无法达到收敛。当网络收敛后，一般可以减少神经元的数量再进行训练，并且往往会得到更好的结果。

训练样本必须对整个特征空间的总体分布具有代表性，使得网络能对每一类别建立充分的概率分布模型。训练样本的输入次序应该是随机的，如果按样本的类别顺序地输入各类样本的话，将会导致网络的收敛很慢，并且使分类不可靠。对随机的样本进行训练可以产生某种类型的噪声，这种噪声可以帮助网络跳出局部最小值的陷阱。

3.5.3　支持向量机

支持向量机（SVM）[16] 是 Vapnik 等人根据统计学习理论中的结构风险最小化原则提出的，其基本思想可以概括为：首先通过非线性变换将原始特征向量集从输入空间变换到一个高维空间，然后在这个新空间中求最优线性分类面，而这种非线性变换是通过定义适当的内积函数实现的。

支持向量机的基本原理可以用线性可分情况下的最优分类面来解释。考虑图 3-10 所示的二维两类线性可分情况，图中的实心点和空心点分别表示两类的训练样本，H 为把两类没有错误地分开的分类线，H_1 和 H_2 分别为过各类样本中离分类线最近的点且平行于分类线的直线，H_1 和 H_2 之间的距离叫做两类的分类空隙或分类间隔。最优分类线就是同时满足以下两个条件的分类线：（1）能够将两类无错误地分开；（2）使两类的分类间隔最大。第一个条件保证经验风险最小（为 0），第二个条件使得推广性的界中的置信范围最小，从而使真实风险最小。推广到高维空间，最优分类线就成为最优分类面。

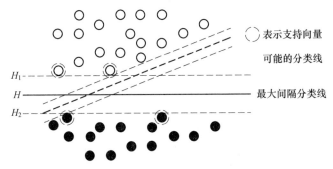

图 3-10　特征空间中的最优分类面

设线性可分样本集为：

$$(x_i, y_i), \quad x_i \in R^d, \quad y_i \in \{-1, +1\}, \quad i = 1, 2, \cdots, l \tag{3-20}$$

其中 y_i 是类别标号，考虑用某特征空间中的一个超平面对给定样本集进行二值分类。向量 x_i 可能是从对象样本集抽取某些特征直接构造的向量，也可能是原始向量通过某个核函数映射到核空间中的映射向量。

在特征空间中构造分类平面：

$$\langle w, x \rangle + b = 0 \tag{3-21}$$

使下式成立：

$$\begin{cases} \langle w, x_i \rangle + b \geq 1 & (y_i = 1) \\ \langle w, x_i \rangle + b \leq -1 & (y_i = -1) \end{cases} \Leftrightarrow y_i(\langle w, x_i \rangle + b) \geq 1 \quad (i = 1, 2, \cdots, l) \tag{3-22}$$

对于给定的分类超平面 (w, b)，分别过两类离分类面最近的数据样本且平行于分类面的两个超平面之间的距离定义为分类间隔，可以计算分类间隔为：

$$p(w, b) = \min_{y_i = 1} \frac{\langle w, x_i \rangle + b}{\|w\|} - \max_{y_i = -1} \frac{\langle w, x_i \rangle + b}{\|w\|} = \frac{2}{\|w\|} \tag{3-23}$$

能够将两类正确分开且使分类间隔最大的分类超平面称为最优分类超平面，简称最优分类面。根据最优分类面的定义，可以将求解最优分类面的问题简化为如下问题：在满足 $\langle w, x \rangle + b = 0$ 这一约束下，使得 $p(w, b)$ 最大化的分类超平面 (w, b)。可以采用数学规划的方法来求解该优化问题：

$$\arg \max_w \quad \frac{2}{\|w\|} \tag{3-24}$$

$$s.\ t. \quad y_i(\langle w, x_i \rangle + b) \geq 1$$

式（3-24）所求解的问题实际上与如下问题等价。

$$\arg \min_w \quad \|w\|^2 \tag{3-25}$$

$$s.\ t. \quad y_i(\langle w, x_i \rangle + b) \geq 1$$

利用拉格朗日乘子法和 Wolfe 对偶定理把上述问题转化为其对偶问题：

$$\arg \max_{\alpha_i} \quad \sum_{i=1}^{l} \alpha_i - \frac{1}{2} \sum_{i, j=1}^{l} \alpha_i \alpha_j y_i y_j \langle x_i, x_j \rangle$$

$$s.\ t. \quad \alpha_i \geq 0, \quad i = 1, 2, \cdots, l \tag{3-26}$$

$$\sum_{i=1}^{l} \alpha_i y_i = 0$$

式中，α_i 为拉格朗日乘子，这是一个二次规划问题，存在唯一解。若 α_i^* 为最优解，则最大间隔分类超平面的法向量 w^* 是所有训练集向量的线性组合，即 w^* 可以表示为：

$$w^* = \sum_{i=1}^{l} (\alpha_i^* y_i) x_i \quad (\alpha_i^* \geq 0) \tag{3-27}$$

由 (w^*, b^*)，可以定义测试集的分类函数 $f(x)$ 为：

$$f(x) = \text{sign}(\langle w^*, x \rangle + b^*) \tag{3-28}$$

一般情况下，式（3-27）中系数 α_i^* 大部分等于零，只有少数 α_i^* 为非零值，非零值

的 α_i^* 对应的 x_i 称为支持向量。全部支持向量构成的集合称为支持向量集，支持向量集充分描述了整个训练数据集的特征，利用支持向量集获得的最优分类面与利用整个训练集获得的最优分类面是一致的。由于最终的分类函数中只包含待分类向量与支持向量内积的线性组合，因此，识别时的计算复杂度取决于支持向量的个数。

上述方法是在保证训练样本全部被正确分类即经验风险为零的前提下，通过最大化分类间隔来获得最好的推广性能。当样本集线性不可分时，最优分类面不能把两类样本完全分开，此时需要引入数学规划工具，在经验风险和推广性能之间寻求折中，通过引入松弛变量 ξ_i，允许错分样本的存在，此时的分类面（w，b）满足：

$$y_i(\langle w, x_i \rangle + b) \geqslant 1 - \xi_i \quad (i = 1, 2, \cdots, l) \tag{3-29}$$

当 $0 < \xi_i < 1$ 时，样本点 x_i 可以被正确分类；当 $\xi_i \geqslant 1$ 时，样本点被错分。为了在最大化分类间隔和松弛因子之间寻求折中，在目标函数中加入惩罚项 $C\sum_{i=1}^{l} \xi_i$，其中，C 是惩罚因子，$C > 0$。如此，与线性可分情况类似，将问题转换为如下二次规划问题：

$$\arg\max_{\alpha_i} \quad \sum_{i=1}^{l} \alpha_i - \frac{1}{2} \sum_{i, j=1}^{l} \alpha_i \alpha_j y_i y_j \langle x_i, x_j \rangle$$

$$s.\, t. \quad\quad 0 \leqslant \alpha_i \leqslant C, \; i = 1, 2, \cdots, l \tag{3-30}$$

$$\sum_{i=1}^{l} \alpha_i y_i = 0$$

对于非线性分类问题，可以采用一个非线性函数 $\phi(x)$ 将 x 变换到高维空间，将非线性问题转换为线性问题。这在一般情况下不容易实现，支持向量机通过核函数巧妙地解决了这个问题。定义适当的内积函数 $K(x_i, x_j)$，使得 $K(x_i, x_j) = \langle \phi(x_i), \phi(x_j) \rangle$，则没有必要知道变换 $\phi(x)$ 的形式，就可以利用原空间中的函数实现高维空间中的点积运算。因此，在最优分类面中采用适当的核函数 $K(x_i, x_j)$ 就可以实现某一非线性变换后的线性分类，而计算复杂度却没有增加，此时分类问题被转换为求解如下的二次规划问题：

$$\arg\max_{\alpha_i} \quad \sum_{i=1}^{l} \alpha_i - \frac{1}{2} \sum_{i, j=1}^{l} \alpha_i \alpha_j y_i y_j K(x_i, x_j)$$

$$s.\, t. \quad\quad 0 \leqslant \alpha_i \leqslant C, \; i = 1, 2, \cdots, l \tag{3-31}$$

$$\sum_{i=1}^{l} \alpha_i y_i = 0$$

相应地，分类函数变为：

$$f(x) = \text{sign}(\alpha_i^* y_i K(x_i, x) + b^*) \tag{3-32}$$

支持向量机求得的分类函数在形式上类似于一个神经网络，其输出是若干个中间层节点的线性组合，而每一个中间层节点对应于输入样本与一个支持向量的内积，因此也被叫做支持向量网络。

采用不同的核函数就可以构造不同的支持向量算法，目前在工程问题中最常用的四种核函数见表 3-3。

表 3-3　常用核函数

核函数名称	表　达　式
线性核函数	$K(x_i, x_j) = x_i^T x_j$
多项式核函数	$K(x_i, x_j) = (\nu \cdot x_i^T x_j + c)^d, \nu > 0$
径向基核函数	$K(x_i, x_j) = \exp(-\gamma \cdot \| x_i - x_j \|^2), \gamma > 0$
Sigmoid 核函数	$K(x_i, x_j) = \tanh(\gamma \cdot x_i^T x_j + c)$

参 考 文 献

[1] 阮秋琦. 数字图像处理学 [M]. 北京：电子工业出版社，2007.

[2] 王耀南，李树涛，毛建旭. 计算机图像处理与识别技术 [M]. 北京：高等教育出版社，2001.

[3] 章毓晋. 中国图像工程 [J]. 中国图像图形学报，1 (1)：78~83.

[4] 袁晓辉，许东，夏良正，等. 基于形态学滤波和分水线算法的目标图像分割 [J]. 数据采集与处理，2003，18 (4)：455.

[5] Zhang Y F, Bresee R R. Fabric defect detection and classification using image analysis [J]. Textile Research Journal, 1995, 65 (1): 1~9.

[6] Arici T, Dikbas S, Altunbasak Y. A histogram modification framework and its application for image contrast enhancement [J]. IEEE Transactions on image processing, 2009, 18 (9): 1921~1935.

[7] Geusebroek J M, Smeulders A W, Van de Weijer J. Fast anisotropic gauss filtering [J]. IEEE Transactions on Image Processing, 2003, 12 (8): 938~943.

[8] 崔屹. 图像处理与分析——数学形态学方法与应用 [M]. 北京：科学出版社，1990.

[9] Zeng M, Li J, Peng Z. The design of top-hat morphological filter and application to infrared target detection [J]. Infrared Physics & Technology, 2006, 48 (1): 67~76.

[10] 王茜，彭中，刘莉. 一种基于自适应阈值的图像分割算法 [J]. 北京理工大学学报，2003，23 (4)：521~524.

[11] 杜啸晓，杨新，施鹏飞. 一种新的基于区域和边界的图像分割方法 [J]. 中国图像图形学报：A 辑，2001，6 (8)：755~759.

[12] 闫成新，桑农，张天序. 基于图论的图像分割研究进展 [J]. 计算机工程与应用，2006，42 (5)：11~14.

[13] 乔俊飞，郭戈. 板形模式的一种模糊识别方法 [J]. 钢铁，1998，33 (6)：37~40.

[14] 吴鸣锐，张铖. 一种用于大规模模式识别问题的神经网络算法 [J]. 软件学报，2001，12 (6)：851~855.

[15] 焦李成. 神经网络应用与实现 [M]. 西安：西安电子科技大学出版社，1993.

[16] Joachims T. Making large scale SVM learning practical [J]. University Dortmund, 1999.

4 冷轧带钢表面在线检测系统

4.1 冷轧带钢表面缺陷类型及成因

由于冷轧带钢的表面缺陷[1,2]往往具有多样性、复杂性和隐蔽性等特点，而且不同机组产生的表面缺陷会有不同的特点；即使同一机组在不同工艺参数，或在工艺参数相同而生产条件不同情况下产生的表面缺陷也有区别。此外，不同的用户或不同使用条件情况下，对缺陷的判定也会有区别。比如，有的表面形态对家电用板材来讲不算是缺陷，但对汽车用板来讲就是缺陷。此外，受分辨率、参数设置和设备自身误差等因素的影响，不同的采集设备采集到的表面缺陷图像不完全相同，而且采集到的表面缺陷图像受到光源的直接影响。所有这些因素都直接或间接地影响到最后表面缺陷的分类识别。所以在进行冷轧带钢表面缺陷[3]分类识别之前，必须在生产线采集冷轧带钢表面缺陷图像，否则以后的工作就无从谈起。

冷轧带钢表面缺陷的种类很多，宝钢《冷轧产品表面质量评定手册》中定义的冷轧带钢表面缺陷种类达99种之多，本书仅对一些典型的冷轧带钢表面缺陷进行分析。

（1）乳化液斑痕。

特征：带钢表面裂开的乳化液残留，随机分布，形状不规则的黑色斑迹。

成因：1）乳化液残留裂开所致；2）之所以产生残留是因为退火时乳化液未完全气化，更进一步的原因是带钢表面乳化液未完全擦掉或吹掉。

乳化液斑痕的典型图像样本如图4-1所示。

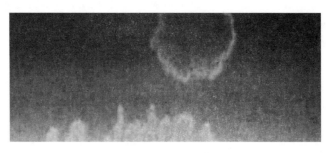

图4-1 乳化液斑痕

（2）锈斑。

特征：带钢表面的腐蚀层，表现为带钢表面从浅红黄色到黑色的斑片，其形状、模式和尺寸可能变化比较大。

成因：1）由带钢表面含水液体所致。温度变化、高湿度和长时间储存都有利于其产生；2）特别是在带钢未作防腐处理，或包装不好，或长途运输时更易产生该缺陷。

锈斑的典型图像样本如图4-2所示。

图 4-2 锈斑

（3）羽纹（席纹、平整纹）。

特征：钢板表面的连串人字形印迹，在平整过程中出现的线痕，呈羽纹、席纹状或树枝状，可占局部或布满整个带宽。

成因：1）平整过程中不均匀延伸产生的金属流动印迹；2）平整辊辊型曲线小；3）平整辊长度方向温度不均。

羽纹的典型图像样本如图 4-3 所示。

图 4-3 羽纹

（4）边裂。

特征：1）钢板边缘的横向裂纹；2）长短不一，类似锯齿形，主要出现在塑性差的钢种中，如合金钢、高碳钢、电工钢及二次轧制的薄带钢。

成因：1）边缘金属在张力轧制条件下发生的撕裂现象；2）带钢材料的塑性差，压下比大，各道次的压下量度不均；3）局部加工硬化严重；4）酸洗后，边部剪切质量不好，毛刺大。

边裂的典型图像样本如图 4-4 所示。

图 4-4 边裂

（5）擦伤。

特征：1）钢板表面的短条沟道，有可见的深度，顺轧制方向零散分布，有金属亮色；2）精整擦伤有毛刺凸起，平整擦伤较圆滑。

成因：1）钢卷拆卷时，卷层间松紧变化引起错动而擦伤表面；2）原料带卷松卷、开卷；3）拆卷操作不稳或反转；4）带钢运行时张力速度不稳，急剧停车或启动。

擦伤的典型图像样本如图 4-5 所示。

图 4-5 擦伤

（6）划痕（划伤）。

特征：1）钢板表面呈现的直而细的沟道。有可见的深度，平行或略斜于轧制方向，零散或成排的分布，有金属亮色；2）精整中造成的划痕边缘有毛刺凸起；3）平整中造成的划痕边缘较圆滑，没有毛刺。

成因：1）平整、精整设备有尖棱突起；2）平整拉紧辊等辊面黏结金属，或运行中的速度差使带钢表面产生划伤；3）碰到了尖角或硬物体的边、机器部件或导卫上的杂物。

划痕的典型图像样本如图 4-6 所示。

图 4-6 划痕

（7）黏结（马蹄印）。

特征：钢板表面横向亮条印迹或弯月状凹印簇集，严重处有明显的凹凸感觉，多发生在低碳钢和较薄规格带钢中，随钢中碳、硅、磷含量的提高，黏结倾向减小。

成因：1）钢卷层间局部压紧，在退火温度和时间的作用下发生黏结；2）退火制度不合理或退火设备不正常；3）轧制板形不良或成品道次卷曲张力过大。

黏结的典型图像样本如图 4-7 所示。

（8）辊印。

特征：零散不规则的或周期性的深凹。

图 4-7 黏结

成因：1）带钢焊缝过高，轧制中抬辊不及时，引起黏辊；2）轧制操作中，由于带钢断带、串游、折叠、破边或头尾碰伤辊面等引起黏辊；3）轧辊材质不佳，表面硬度低等造成黏辊；4）轧机不洁净，乳泥铁屑等被压入带钢；5）酸渣、辊缝铁渣压入带钢。

辊印的典型图像样本如图 4-8 所示。

图 4-8 辊印

（9）折印。

特征：横向折线（薄带）或折棱（厚带），有凹凸感，分布在带钢的边缘。

成因：1）在平整拆卷时发生的反径向弯曲变形；2）平整拆卷机的空压辊对带钢包角过大，使带钢发生反径向弯曲；3）平整辊型控制和压下操作不良，使平整延伸量不足以消除折印；4）钢卷层间有黏结倾向。

折印的典型图像样本如图 4-9 所示。

图 4-9 折印

4.2 缺陷检测方式

4.2.1 光源

摄像头通过采集钢板表面反射过来的光的方式来摄取钢板表面的图像，而钢板表面反射的光是通过光源提供的，因此光源在表面缺陷检测中起到了非常重要的作用。理想的钢板表面图像应该是背景图像的光强分布均匀，并且缺陷区域与背景图像在灰度级上有明显的区分。这样的图像对于后续的表面缺陷检测过程非常有利，可以减少算法的复杂度，并提高缺陷的检出率。冷轧带钢表面检测系统采用了高亮度的 LED 面光源，该光源由发光二极管密集排列而成，整个光源发出的光近似于平行光，并且光强分布均匀。

4.2.2　光在钢板表面的反射性质

众所周知，光的反射有两种：镜面反射和漫反射。光在光滑表面会发生镜面反射，而在粗糙表面会发生漫反射。在进行表面缺陷检测时，首先要考虑光在被检测物质表面进行的是镜面反射还是漫反射。冷轧带钢从其表面状态来看，主要分两类。一类是普碳钢，光在其表面的反射以漫反射为主；另一类是不锈钢，光在其表面的反射以镜面反射为主。图 4-10 给出了光在不锈钢和普碳钢表面的反射性质，图中，α 为光的入射角，Ω 为摄像头放置的角度，E 为反射光在摄像头上的照度，其单位用勒克斯（lx）表示。图4-10a是光在不锈钢表面的反射性质，由于不锈钢的表面非常光滑，因此其反射性质近似于镜面反射。在 $\alpha = \Omega$ 时，E 为最大，并且 E 受 α 的影响很大。图 4-10b 为光在普碳钢表面的反射性质，相对不锈钢而言，普碳钢的表面要粗糙一些，因此光在其表面产生的不是完全的镜面反射。由图 4-10b 可以看到，当 α 在 Ω 附近变化时，E 的变化很小。这一性质对于表面在线检测很有用，下文的讨论中将会用到这一性质。

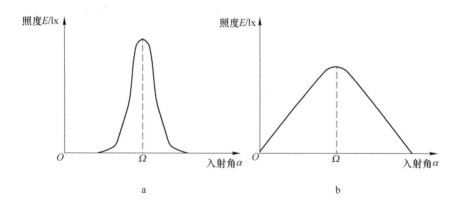

图 4-10　光在不同钢板表面的反射性质

a—不锈钢；b—普碳钢

以上的讨论是针对钢板表面没有缺陷的情况，在钢板表面产生缺陷时，情况就会发生变化。表面缺陷可分为两类，一类是"划痕"、"辊印"、"折印"等使表面产生形貌变化的缺陷，称为三维缺陷；而另一类是"压入氧化铁皮"、"乳化液斑痕"、"锈痕"等有色缺陷，这些缺陷没有使表面产生形貌变化，称为二维缺陷。由于三维缺陷造成了表面形貌的变化，因此光在三维缺陷区域的反射性质将会发生变化；而由于二维缺陷没有造成表面形貌的变化，因此光在二维缺陷区域的反射性质不发生变化。

4.2.3　明场方式

"明场方式"用于检测普碳钢，图 4-11 是"明场方式"的检测示意图。

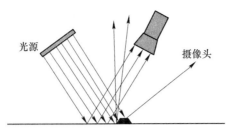

图 4-11   "明场方式"的检测示意图

在"明场方式"中，摄像头放置在反射光的光路上。如果表面没有缺陷的话，反射光在摄像头各个区域上的照度应该是分布均匀的。但是，如果表面出现缺陷的话，那么反射光在摄像头上的照度将会发生变化。

（1）对于三维缺陷，光在缺陷区域反射性质将会发生变化，造成了反射光在摄像头上的照度将会比没有缺陷时候小。因此，采用"明场方式"采集到的缺陷图像，背景区域是亮的，而缺陷区域则是暗的。

（2）对于二维缺陷，虽然光在二维缺陷上的反射性质没有发生变化，但是由于二维缺陷基本上是一些有色缺陷，因此这些缺陷对光的吸收比较多，反射光的强度减小了，这样也造成了反射光在摄像头上的照度的减小。因此，与三维缺陷一样，采用"明场方式"采集到的缺陷图像，背景区域是亮的，而缺陷区域则是暗的。

因此，采用"明场方式"，既可以检测普碳钢表面的二维缺陷，也可以检测普碳钢表面的三维缺陷。同时，如图 4-10b 所示，当光的入射角在一个小的范围内变化时，反射光在摄像头上的照度变化很小，这一性质可以用于表面在线检测。因为生产线上钢板处于运动状态，其表面会产生波动，这样就会造成入射角的变化。如果钢板表面波动不是很严重的话，入射角的变化范围不大，那么根据这一性质，钢板表面波动对摄像头采集的图像质量将不会产生很大影响。

4.2.4 暗场方式

考虑不锈钢的表面缺陷检测。如图 4-10a 所示，由于入射角的变化对于反射光在摄像头上的照度的影响很大，因此"明场方式"不适用于不锈钢表面的在线检测。图 4-12 是"暗场方式"的检测示意图，在"暗场方式"中，摄像头放置在与入射光几乎平行的方向上。这样，在不锈钢表面无缺陷的情况下，摄像头采集不到反射光。并且在不锈钢表面有波动的情况下，摄像头基本上也采集不到反射光。但是，如果不锈钢表面产生三维缺陷的话，那么在缺陷区域将产生漫反射，摄像头就可以采到漫反射过来的光。因此，通过

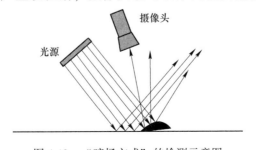

图 4-12   "暗场方式"的检测示意图

"暗场方式" 采集到的缺陷图像，背景区域是暗的，而缺陷区域是亮的。

因此，可以通过 "暗场方式" 在线检测不锈钢表面的三维缺陷。

4.3   算法流程

冷轧带钢表面检测系统的算法可分为缺陷检测与缺陷识别两个方面，缺陷检测的作用是检测图像中是否存在缺陷，如果存在缺陷的话，就对缺陷所在的区域进行标定；缺陷识别的作用是对标定的缺陷区域进行分类。在线检测时，如果 CCD 摄像头的采集速度为 50 场/s，1 场的像素为 768×277，每个像素的灰度级为 256 级，那么需要在 0.02s 之内完成一幅 768×277×8bits 图像的所有处理任务，其中，缺陷检测与识别算法占去了系统主要的运算时间。因此，为了达到系统的在线检测要求，必须对缺陷检测与识别算法进行优化，并对缺陷检测与识别的算法流程进行特殊的设计。图 4-13 是缺陷检测与识别的算法流程图，由图中可以看到，缺陷检测与识别算法中包含了 "目标检测"、"可疑点检测"、"ROI 搜索" 和 "ROI 分类" 4 个步骤。ROI 是 Region of Interest（感兴趣区域）的简写，ROI 代表检测到的缺陷区域和 "伪缺陷" 区域（即误检的缺陷）。缺陷检测与识别算法中，"目标检测" 通过 "实时处理" 方式完成，其他 3 个步骤通过 "准时处理" 方式完成。"实时处理" 和 "准时处理" 两种方式在两个不同级别的线程中实现，其中 "实时处理" 的线程级别高，需要 CPU 进行实时处理，而 "准时处理" 的线程级别低，可以在 CPU 有空闲的时候进行处理。

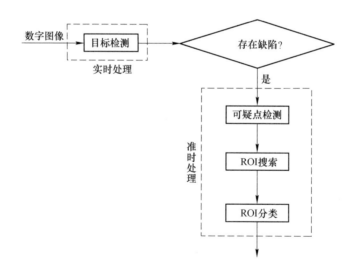

图 4-13   缺陷检测与识别的算法流程图

"目标检测" 的作用是检测图像中是否存在着缺陷。如果图像中不存在缺陷的话，就不需要对这幅图像作进一步处理；如果图像中存在缺陷的话，就把这幅图像放入计算机的缓冲区中。"目标检测" 需要实时完成，因此它们被放置在 "实时处理" 线程中。并且，"目标检测" 中所用的算法比较简单，只是检测图像中是否存在缺陷，不对图像作进一步的处理。

放入缓冲区中的图像需要进一步的处理，以便确定缺陷所在的区域，这通过 "可疑点检测"、"ROI 搜索"和"ROI 分类"等 3 个步骤实现。由于这些图像已经被放入缓冲区中，只要缓冲区不溢出的话，就可以随时把这些图像调出来加以处理，因此这 3 个步骤可以在 CPU 有空闲的时候进行，可以把这 3 个步骤放置在"准时处理"线程中。

"可疑点检测"步骤的目的是检测图像中缺陷所在的像素，并且对这些像素进行标注。"可疑点检测"步骤中采用的算法是计算像素与背景区域的灰度差，如果灰度差超过某一阈值（根据不同的检测环境设定），那么这一像素便为一个可疑点。

"ROI 搜索"步骤的目的是把相邻的可疑点组合起来，以组成一个 ROI。"ROI 搜索"步骤采用的是"区域搜索"算法，通过"区域搜索"得到的 ROI 不一定是一个完整的缺陷，往往会发生一个缺陷被分成好几个 ROI 的情况。如果一个缺陷被分成好几个 ROI 的话，这对缺陷的标定和识别都是不利的。因此，需要将属于一个缺陷的所有 ROI 合并起来，组成一个新的 ROI，使这个新的 ROI 中包含的是一个完整的缺陷，这样就可以对缺陷进行标定，并且通过缺陷识别算法对 ROI 进行自动分类。

为了保证对缺陷有高的检出率，"可疑点检测"、"ROI 搜索"和"ROI 分类"等 3 个步骤所用的算法相对"目标检测"步骤而言要复杂得多，所需的处理时间要长得多。但是，由于整个带卷上存在缺陷的区域所占比例很小，一般在 5% 以下，因此需要"准时处理"的数据量比起需要"实时处理"的数据量少了很多。这样，虽然"准时处理"线程中的算法比较复杂，但所需处理的数据量少；而"实时处理"线程中的算法比较简单，但所需处理的数据量多，因此，"准时处理"线程和"实时处理"线程所占的 CPU 时间基本相等，如果处理一幅图像所需的时间为 0.02s，那么这两个线程各占 0.01s 左右。因此，通过"实时处理"与"准时处理"两种方式，既可以满足系统的在线检测要求，又保证系统具有高的缺陷检出率。

4.4 典型缺陷的检测

能否完整的检测出缺陷，准确地检测缺陷所在的部位，提高缺陷的检出率，避免漏检、误检是表面缺陷监测系统的一个重要性能指标。带钢表面在线检测的主要任务就是在高速运行的带钢中实时完整地检测出表面缺陷，并且把缺陷所在的位置准确的标记出来。下面就通过形态学方法对常见的冷轧带钢表面缺陷进行检测。

4.4.1 羽纹缺陷检测

图 4-14 为一幅 756×141 像素的含有羽纹缺陷的图像，可以看到图像中存在着四周暗、中间亮的现象，光照不均非常明显。图像的噪声比较大，缺陷在背景中的对比度很低。图 4-15 为对图 4-14 所示的羽纹缺陷图像进行固定阈值处理后的二值图，由图 4-15 可以看出图 4-14 中羽纹缺陷的对比度低，并且背景存在着光照不均的现象。

图 4-14　羽纹缺陷

图 4-15 图 4-14 的二值图

以下为羽纹缺陷的检测步骤：

（1）图像压缩处理。这里所用的滤波压缩处理用图像压缩方法，在检测羽纹缺陷中用取中心值压缩方法。图 4-16 为对图 4-14 所示图像做的 3×3 分块压缩处理，取方块中的中心点灰度值作为压缩图像的灰度值，图像缩小为原来的 1/9，变为一幅 252×47 像素的图像。由图 4-16 可以看出，经图像压缩处理后，虽然图像的尺寸大大减小，但是羽纹缺陷的特征依然得到很好的保留。

图 4-16 对图 4-14 所示图像取中心值压缩后的图像

（2）Top-Hat 变换。在用数学形态学进行图像处理时，结构元素的设计是非常关键的，它对处理效果和处理所占用的时间都起很大的作用。Top-Hat 变换[5,6]是取原始图像与开运算（WTH）或闭运算（BTH）的差值，得到的结果是开运算或闭运算消除掉的图像区域。而开运算消除的图像区域是腐蚀掉的图像中的亮点，闭运算消除的图像区域为膨胀掉的图像中的暗点，下面本文给出作 Top-Hat 变换时结构元素的设计原则。

Top-Hat 变换结构元素的设计原则：设计合适的结构元素腐蚀或膨胀掉感兴趣的图像区域，而尽量保持其他的图像信息，在此基础上要尽量选择尺寸小的结构元素，以减少处理时间。

在图 4-16 的含有带钢缺陷的图像中，羽纹为感兴趣的区域。可以看出它们在图像中为较暗的区域，所以采用 BTH 运算对其进行处理，结构元素尽量设计成尺寸较小并且能把羽纹膨胀掉的结构元素。

根据以上讨论，用如图 4-17 所示的 1×7 的结构元素对图 4-16 所示的图像做 BTH 运算，原点在结构元素的中心，取结构元素灰度值 $g(i, j) = 0$。

● ● ● ● < ● > ● ● ● ●

图 4-17 1×7 结构元素

对 BTH 变换的结果进行阈值处理，得到图 4-18，阈值采用最大信息熵方法自动计算得到。图 4-18 中的亮点表示羽纹缺陷所在的像素，即图 4-13 算法流程图中的"可疑点"，由图 4-18 可以看到，除了一些孤立点外，用前面方法得到的可疑点非常准确，消除了光照不均及噪声的影响。

图 4-18 对图 4-16 作 BTH 变换及阈值处理的结果

（3）ROI 搜索。图 4-18 中虽然得到了可疑点，但是缺陷检测的目的是要确定缺陷所在的区域，即 ROI。ROI 搜索主要包括两个步骤：步骤 1 为区域合并，步骤 2 为 8 方向连通区域搜索。

通常情况下，经过差值处理得到的可疑点会存在断点或不连续的情况，使 ROI 不完整，所以要先作可疑点合并。这里采用形态学中的膨胀运算作可疑点合并，膨胀所用结构元素如图 4-19 所示，原点在结构元素的中心，取结构元素灰度值 $g(i, j) = 0$。

图 4-19　可疑点合并中用的结构元素

步骤 2 是作 8 方向连通区域搜索。图 4-20 是图 4-18 所示图像进行 ROI 搜索后的结果，白色方框内为搜索到的 ROI。

图 4-20　图 4-18 所示图像的 ROI 搜索结果

记录图 4-20 中 ROI 所在位置，如图 4-21 所示。这样就完成了羽纹缺陷的检测。

图 4-21　羽纹缺陷的检测结果

本算法用到了中心值压缩、BTH 变换、阈值处理、ROI 搜索等步骤，完成一幅 756×141 像素图像的整个处理过程总共不超过 2ms（计算机配置为 P Ⅲ 800MHz，内存 384MB），完全满足在线检测的要求。各步骤所用的时间统计见表 4-1。

表 4-1　羽纹缺陷检测算法的时间统计

算　法	取中心值压缩	BTH 变换	阈值处理	ROI 搜索	总计
所用时间/ms	0.43	0.45	0.25	0.55	1.68

在做 Top-Hat 变换设计结构元素时，根据 Top-Hat 变换结构元素的设计原则，应主要考虑图像中所含缺陷的形态及大小。在作图像压缩处理时，这里选中心值缩小主要有两点好处：（1）可以直接取中心位置像素值数值，不用作其他的数学运算，减少了运算时间；（2）能有效避免噪声对缩小后图像的影响，增加了处理过程的抗噪性。

4.4.2　折印缺陷检测

图 4-22 为一幅 756×141 像素的图像，其中含有折印缺陷，可以看到图像中有明显光照不均，而且折印缺陷在背景中的对比度很低，并且折印很细。以上这些都加大了检测的难度。

图 4-22   折印缺陷

折印缺陷检测思路与羽纹缺陷检测思路大体相同，这里只给出缺陷检测主要步骤及根据该缺陷特点主要阐述该缺陷与其他缺陷不同的处理。

（1）图像压缩处理。由于折印痕迹非常细，且它与背景对比度很低，为了在图像压缩中保留缺陷特征，在检测折印缺陷中用取最大值压缩方法。

图 4-23 为对图 4-22 所示图像做的 3×3 分块压缩处理，取方块中的灰度值最大的像素点作为压缩后图像的灰度值，图像缩小为原来的 1/9。由图 4-23 可以看出，经分块压缩处理后，虽然图像的尺寸大大减小，但是折印缺陷的特征依然得到很好的保留。

图 4-23   对图 4-22 所示图像取最大值压缩后的图像

（2）Top-Hat 变换。在图 4-23 含有带钢缺陷的图像中，折印为感兴趣的区域。可以看出它们在图像中为较亮的区域，所以采用 WTH 运算对其进行处理，根据 Top-Hat 变换的结构元素设计原则，用如图 4-24 所示的 3×1 的结构元素，原点在结构元素的中心，取结构元素灰度值 $g(i, j) = 0$。

图 4-24   3×1 结构元素

对 WTH 变换后的图像进行阈值处理，得到图 4-25。可以看到，除了一些孤立点外，图 4-25 中的亮点表示折印缺陷所在的可疑点。

图 4-25   对图 4-23 作 WTH 变换及阈值处理的结果

（3）ROI 搜索。用图 4-24 所示的结构元素作膨胀运算，然后再对膨胀后的图像作 8 方向连通区域搜索，得到结果如图 4-26 所示，白色方框内为搜索到的 ROI。

图 4-26   图 4-25 所示图像的 ROI 搜索结果

记录图 4-26 中 ROI 所在位置，如图 4-27 所示，这样就完成了折印缺陷的检测。

图 4-27　折印缺陷的检测结果

由于折印缺陷一般与背景的对比度较低，并且有的折印很细，并且还有光照不均及噪声的干扰，所以在冷轧带钢缺陷检测中折印缺陷是一种不容易检测出来的缺陷。

在折印缺陷检测算法中，将原始图像压缩到 1/9，采用普通压缩方法会丢失折印缺陷的特征，导致无法有效检测出折印缺陷。这里采用了取最大值压缩方法，有效保持了折印缺陷的特征，使后面的检测得到了令人满意的结果。

折印缺陷检测各步骤所用的时间统计见表 4-2，对照表 4-1，由于采用了取最大值压缩算法，折印缺陷检测所需的时间比羽纹缺陷增加了一倍多，但也在 5ms 以内。

表 4-2　折印缺陷检测算法的时间统计

算　法	取最大值压缩	WTH 变换	阈值处理	ROI 搜索	总计
所用时间/ms	3.2	0.27	0.25	0.52	4.24

4.4.3　划伤缺陷检测

图 4-28 为一幅 756×141 像素的含有划伤缺陷的图像，可以看到图像中有明显光照不均，而且在图中分布着多条划伤缺陷，有的划伤缺陷不太明显，与背景的对比度很低。

图 4-28　划伤缺陷

以下为划伤缺陷的检测步骤：

（1）图像压缩处理。图 4-29 为对图 4-28 所示图像做的 3×3 分块缩小处理，取方块中心位置像素值作为缩小后子图像的灰度值，图像缩小为原来的 1/9。由图 4-28 可以看出，经分块缩小处理后，划伤缺陷的特征依然得到很好的保留。

图 4-29　对图 4-28 所示图像取中心值压缩后的图像

（2）Top-Hat 变换。在图 4-29 的含有划伤缺陷的图像中，划伤为感兴趣的区域。它们在图像中为较亮的区域，所以采用 WTH 运算对其进行处理，根据 Top-Hat 变换的结构元素设计原则，用如图 4-30 所示的 1×3 的结构元素，原点在结构元素的中心，取结构元素灰度值 $g(i, j) = 0$。

图 4-30 1×3 结构元素

对 WTH 变换结果作阈值处理，得到图 4-31。

图 4-31 对图 4-29 作 WTH 变换及阈值处理的结果

（3）ROI 搜索。用图 4-30 所示的结构元素作膨胀运算，然后再对膨胀后的图像作 8 方向连通区域搜索，得到结果如图 4-32 所示，白色方框内为搜索到的 ROI。

图 4-32 图 4-31 所示图像的 ROI 搜索结果

记录图 4-32 中 ROI 所在位置，如图 4-33 所示，这样就完成了划伤缺陷的检测。

图 4-33 划伤缺陷的检测结果

划伤缺陷是冷轧带钢缺陷中的常见缺陷，一般与轧制方向平行分布，有时呈多条分布，明暗不均。这里采用取中心值压缩的方法，因为在满足缺陷检测要求的前提下，取中心值压缩方法比其他几种预处理方法更节省时间，这对于实时检测有很大好处。但如果划伤缺陷线条很细的时候，为避免在压缩过程中丢失缺陷信息，应考虑用最大值滤波压缩方法。

划伤缺陷检测各步骤所用的时间统计见表 4-3。

表 4-3 划伤缺陷检测算法的时间统计

算 法	取中心值压缩	WTH 变换	阈值处理	ROI 搜索	总计
所用时间/ms	0.44	0.30	0.25	0.65	1.64

4.4.4 辊印缺陷检测

图 4-34 为一幅 756×141 像素的含有辊印缺陷的图像，可以看到图像辊印本身亮度不均匀，有的区域亮度较高，有的区域亮度较低，在检测中辊印所在的区域容易从内部断开。

图 4-34 辊印缺陷

以下为辊印缺陷的检测步骤：

（1）图像压缩处理。图4-35为对图4-34所示图像做的3×3分块压缩处理，取方块中心位置像素值作为压缩后图像的灰度值，图像缩小为原来的1/9。由图4-35可以看出，经分块压缩处理后，辊印缺陷的特征依然得到很好的保留。

图4-35 对图4-34所示图像取中心值压缩后的结果

（2）Top-Hat变换。在图4-35的含有辊印缺陷的图像中，辊印为感兴趣的区域，在图像中为较亮的区域，因此采用WTH运算对图4-35进行处理，根据Top-Hat变换的结构元素设计原则，用如图4-36所示的5×3的结构元素，原点在结构元素的中心，取结构元素灰度值$g(i, j) = 0$。

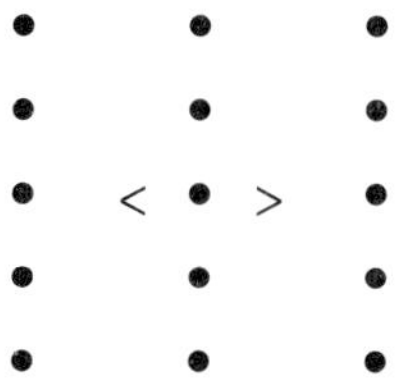

$$
\begin{matrix}
\bullet & & \bullet & & \bullet \\
\bullet & & \bullet & & \bullet \\
\bullet & < & \bullet & > & \bullet \\
\bullet & & \bullet & & \bullet \\
\bullet & & \bullet & & \bullet \\
\end{matrix}
$$

图4-36 5×3结构元素

对WTH变换结果作阈值处理，得到图4-37。

图4-37 对图4-35作WTH变换及阈值处理的结果

（3）ROI搜索。用图4-36所示的结构元素作膨胀运算，然后再对膨胀后的图像作8方向连通区域搜索，得到结果如图4-38所示，白色方框内为搜索到的ROI。

图4-38 图4-36所示图像的ROI搜索结果

记录图4-38中ROI所在位置，如图4-39所示，这样就完成了辊印缺陷的检测。

图4-39 辊印缺陷检测结果

这里需要说明的是，辊印的形态有多种，图4-34只是辊印中的一种，在检测辊印过程中还应考虑不同的辊印形态，采用不同的形态学方法及设计适合的结构元素才能准确检测出辊印。

辊印缺陷检测各步骤所用的时间统计见表 4-4。

表 4-4 辊印缺陷检测算法的时间统计

算　法	取中心值缩小	WTH 变换	阈值处理	ROI 搜索	总计
所用时间/ms	0.44	0.44	0.30	0.52	1.7

4.4.5 黏结缺陷检测

由于上面几种缺陷已经作了比较详细的检测过程介绍，黏结、氧化铁皮、桔皮纹、边裂等缺陷的检测只给出结果及检测算法时间统计，不再作详细介绍。

黏结缺陷的检测过程如图 4-40 所示，WTH 变换采用的结构元素如图 4-30 所示。

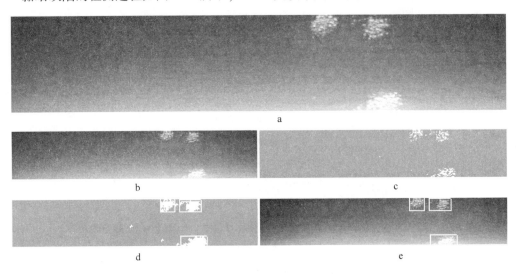

图 4-40 黏结缺陷的检测过程

a—原始图像；b—取中间值压缩处理；c—WTH 变换及阈值化结果；d—ROI 搜索；e—检测结果

黏结缺陷检测各步骤所用的时间统计见表 4-5。

表 4-5 黏结缺陷检测算法的时间统计

算　法	取中心值缩小	WTH 变换	阈值处理	ROI 搜索	总计
所用时间/ms	0.44	0.37	0.30	0.54	1.65

4.4.6 氧化铁皮检测

氧化铁皮缺陷的检测过程如图 4-41 所示，WTH 变换采用的结构元素为 3×3 结构，如图 4-41d 所示。

氧化铁皮缺陷检测各步骤所用的时间统计见表 4-6。

4.4.7 桔皮纹缺陷检测

桔皮纹缺陷的检测过程如图 4-42 所示，WTH 变换采用的结构元素如图 4-30 所示。

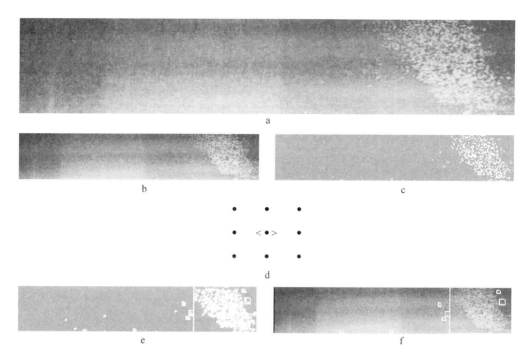

图 4-41　氧化铁皮缺陷的检测过程

a—原始图像；b—取中间值压缩处理；c—WTH 变换及阈值化结果；d—WTH 变换所用的
结构元素；e—ROI 搜索；f—检测结果

表 4-6　氧化铁皮缺陷检测算法的时间统计

算　法	取中心值压缩	WTH 变换	阈值处理	ROI 搜索	总计
所用时间/ms	0.46	0.38	0.30	0.57	1.71

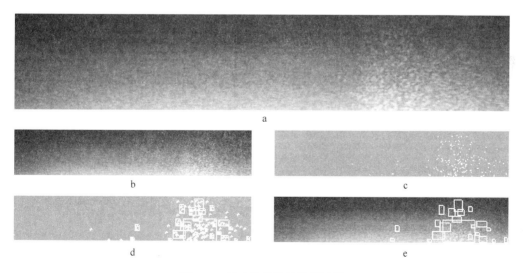

图 4-42　桔皮纹缺陷的检测过程

a—原始图像；b—取中间值压缩处理；c—WTH 变换及阈值化结果；d—ROI 搜索；e—检测结果

桔皮纹缺陷检测各步骤所用的时间统计见表 4-7。

表 4-7　桔皮纹缺陷检测算法的时间统计

算　法	取中心值压缩	WTH 变换	阈值处理	ROI 搜索	总计
所用时间/ms	0.44	0.30	0.30	0.58	1.72

4.4.8　边裂缺陷检测

边裂缺陷的检测过程如图 4-43 所示，WTH 变换采用的结构元素为 21×3 结构，如图 4-43d 所示。

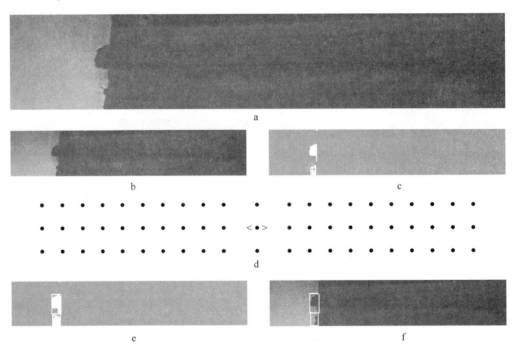

图 4-43　边裂缺陷的检测过程

a—原始图像；b—取中间值压缩处理；c—WTH 变换及阈值化结果；d—WTH 变换所用的结构元素；e—ROI 搜索；f—检测结果

边裂缺陷检测各步骤所用的时间统计见表 4-8。

表 4-8　边裂缺陷检测算法的时间统计

算　法	取中心值压缩	WTH 变换	阈值处理	ROI 搜索	总计
所用时间/ms	0.44	0.87	0.13	0.52	1.96

4.4.9　斑类缺陷检测

图 4-44a 为一幅 756×141 像素的含有白斑缺陷的图像，可以看到白斑缺陷和本文前面检测的缺陷有很大不同。前面检测的缺陷在形态上主要表现为颗粒状的像素聚集体或细的线条形状，所以这些检测缺陷适合用形态学里的 Top-Hat 变换处理。由图 4-44a 可以看出，和前面缺陷相比，白斑缺陷面积大得多，再用 Top-Hat 变换处理显然不太合适，这里用形

态学里的另一种算法——形态学梯度变换检测白斑缺陷。以下为白斑缺陷的检测步骤：

（1）图像缩小处理。图 4-44b 为对图 4-44a 所示图像做的 3×3 分块压缩处理，取方块内所有像素的平均值作为分块压缩后图像的灰度值，图像缩小为原来的 1/9。

（2）形态学梯度变换。用形态学梯度变换[7]的目的就是克服光照不均、降低对比度及噪声的影响，提取白斑缺陷的边缘。在用形态学梯度作边缘提取时，结构元素的设计非常关键，为了提取不同方向的边缘，要设计对称的结构元素作形态学梯度变换。用如图 4-44d 所示的 3×3 的结构元素，原点在结构元素的中心，取结构元素灰度值 $g(i, j) = 0$。用图 4-44d 所示结构元素对图 4-44a 做形态学梯度变换，并进行阈值处理后得到的结果如图 4-44c 所示。

（3）ROI 搜索。用图 4-44d 所示的结构元素作膨胀运算，然后再对膨胀后的图像作 8 方向连通区域搜索，得到结果如图 4-44e 所示，白色方框内为搜索到的 ROI。

记录图 4-44e 中 ROI 所在位置，如图 4-44f 所示，这样就完成了白斑缺陷的检测。

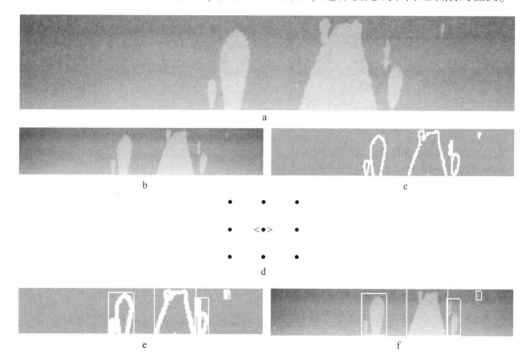

图 4-44 白斑缺陷的检测过程

a—原始图像；b—取平均值压缩；c—形态学梯度变换及阈值处理；
d—结构元素；e—ROI 搜索；f—检测结果

边裂缺陷检测各步骤所用的时间统计见表 4-9。

表 4-9 白斑缺陷检测算法的时间统计

算 法	取中心值压缩	WTH 变换	阈值处理	ROI 搜索	总计
所用时间/ms	2.1	0.38	0.23	0.54	3.25

这里需要说明的是，引入形态学梯度是为了检测 Top-Hat 变换不适合检测的缺陷，用形态学梯度对缺陷作边缘提取可以检测面积较大的缺陷，除了检测冷轧带钢中的白斑缺陷

外，还能检测平整液斑、油斑等缺陷。

4.5　缺陷识别

4.5.1　特征提取

本章 4.4 节介绍了缺陷检测算法，即如何寻找 ROI。找到 ROI 后，就可以提取缺陷的特征量，以便对缺陷进行识别。表 4-10 给出了冷轧带钢表面在线检测系统提取的所有特征量。

表 4-10　系统提取的特征量

序号	特 征 量	说　明	特征类型
0	Area	ROI 中的可疑点数目	几何形状特征
1	Cen_ X	ROI 中心的 X 坐标	几何形状特征
2	Cen_ Y	ROI 中心的 Y 坐标	几何形状特征
3	Centroid_ X	ROI 重心的 X 坐标	几何形状特征
4	Centroid_ Y	ROI 重心的 Y 坐标	几何形状特征
5	Compactness	ROI 的紧凑性	几何形状特征
6	Fractal_ Dimention	ROI 的分形维数	分形特征
7	Gray_ BG_ Contrast	ROI 背景灰度的最大值与最小值之差	灰度特征
8	Gray_ BG_ Entropy	ROI 背景灰度的熵	灰度特征
9	Gray_ BG_ Kurtosis	ROI 背景灰度的峭度值	灰度特征
10	Gray_ BG_ Max	ROI 背景灰度的最大值	灰度特征
11	Gray_ BG_ Mean	ROI 背景灰度的平均值	灰度特征
12	Gray_ BG_ Min	ROI 背景灰度的最小值	灰度特征
13	Gray_ BG_ Power	ROI 背景灰度的能量	灰度特征
14	Gray_ BG_ Skewness	ROI 背景灰度的歪度	灰度特征
15	Gray_ BG_ Var	ROI 背景的方差	灰度特征
16	Gray_ Diff_ Contrast	ROI 可疑点灰度对比度的最大值与最小值之差	灰度特征
17	Gray_ Diff_ Entropy	ROI 可疑点灰度对比度的熵	灰度特征
18	Gray_ Diff_ Kurtosis	ROI 可疑点灰度对比度的峭度值	灰度特征
19	Gray_ Diff_ Max	ROI 可疑点灰度对比度的最大值	灰度特征
20	Gray_ Diff_ Mean	ROI 可疑点灰度对比度的平均值	灰度特征
21	Gray_ Diff_ Min	ROI 可疑点灰度对比度的最小值	灰度特征
22	Gray_ Diff_ Power	ROI 可疑点灰度对比度的能量	灰度特征
23	Gray_ Diff_ Skewness	ROI 可疑点灰度对比度的歪度	灰度特征
24	Gray_ Diff_ Var	ROI 可疑点灰度对比度的方差	灰度特征
25	Gray_ OB_ Contrast	ROI 可疑点灰度最大值与最小值之差	灰度特征
26	Gray_ OB_ Entropy	ROI 可疑点灰度的熵	灰度特征
27	Gray_ OB_ Kurtosis	ROI 可疑点灰度的峭度值	灰度特征

序号	特 征 量	说 明	特征类型
28	Gray_ OB_ Max	ROI 可疑点灰度的最大值	灰度特征
29	Gray_ OB_ Mean	ROI 可疑点灰度的平均值	灰度特征
30	Gray_ OB_ Min	ROI 可疑点灰度的最小值	灰度特征
31	Gray_ OB_ Power	ROI 可疑点灰度的能量	灰度特征
32	Gray_ OB_ Skewness	ROI 可疑点灰度的歪度	灰度特征
33	Gray_ OB_ Var	ROI 可疑点灰度的方差	灰度特征
34	Gray_ ROI_ Contrast	ROI 灰度的最大值与最小值之差	灰度特征
35	Gray_ ROI_ Entropy	ROI 灰度的熵	灰度特征
36	Gray_ ROI_ Kurtosis	ROI 灰度的峭度值	灰度特征
37	Gray_ ROI_ Max	ROI 灰度的最大值	灰度特征
38	Gray_ ROI_ Mean	ROI 灰度的平均值	灰度特征
39	Gray_ ROI_ Min	ROI 灰度的最小值	灰度特征
40	Gray_ ROI_ Power	ROI 灰度的能量	灰度特征
41	Gray_ ROI_ Skewness	ROI 灰度的歪度值	灰度特征
42	Gray_ ROI_ Var	ROI 灰度的方差	灰度特征
43	Height	ROI 的高度	几何形状特征
44	IM_1	1 阶不变矩	几何形状特征
45	IM_2	2 阶不变矩	几何形状特征
46	IM_3	3 阶不变矩	几何形状特征
47	IM_4	4 阶不变矩	几何形状特征
48	IM_5	5 阶不变矩	几何形状特征
49	IM_6	6 阶不变矩	几何形状特征
50	IM_7	7 阶不变矩	几何形状特征
51	Main_ Axis	可疑点的主轴	几何形状特征
52	Object_ ROI_ Area	可疑点数目与 ROI 大小之比	几何形状特征
53	P135_ Factor0	ROI 在 135°方向上投影的波形特征	投影特征
54	P135_ Factor1	ROI 在 135°方向上投影的脉冲特征	投影特征
55	P135_ Factor2	ROI 在 135°方向上投影的峰值特征	投影特征
56	P135_ Factor3	ROI 在 135°方向上投影的裕度特征	投影特征
57	P135_ Kurtosis	ROI 在 135°方向上投影的峭度值	投影特征
58	P135_ Skewness	ROI 在 135°方向上投影的歪度值	投影特征
59	P45_ Factor0	ROI 在 45°方向上投影的波形特征	投影特征
60	P45_ Factor1	ROI 在 45°方向上投影的脉冲特征	投影特征
61	P45_ Factor2	ROI 在 45°方向上投影的峰值特征	投影特征
62	P45_ Factor3	ROI 在 45°方向上投影的裕度特征	投影特征
63	P45_ Kurtosis	ROI 在 45°方向上投影的峭度值	投影特征

序号	特 征 量	说　明	特征类型
64	P45_ Skewness	ROI 在 45°方向上投影的歪度值	投影特征
65	Perimeter	可疑点边界的大小	几何形状特征
66	PX_ Factor0	ROI 在 X 方向上投影的波形特征	投影特征
67	PX_ Factor1	ROI 在 X 方向上投影的脉冲特征	投影特征
68	PX_ Factor2	ROI 在 X 方向上投影的峰值特征	投影特征
69	PX_ Factor3	ROI 在 X 方向上投影的裕度特征	投影特征
70	PX_ Kurtosis	ROI 在 X 方向上投影的峭度值	投影特征
71	PX_ Skewness	ROI 在 X 方向上投影的歪度值	投影特征
72	PY_ Factor0	ROI 在 Y 方向上投影的波形特征	投影特征
73	PY_ Factor1	ROI 在 Y 方向上投影的脉冲特征	投影特征
74	PY_ Factor2	ROI 在 Y 方向上投影的峰值特征	投影特征
75	PY_ Factor3	ROI 在 Y 方向上投影的裕度特征	投影特征
76	PY_ Kurtosis	ROI 在 Y 方向上投影的峭度值	投影特征
77	PY_ Skewness	ROI 在 Y 方向上投影的歪度值	投影特征
78	Wc	纹理的对比度	纹理特征
79	We	纹理的熵	纹理特征
80	Wh	纹理的均匀性	纹理特征
81	Width	ROI 的宽度	几何形状特征
82	Width_ Height	ROI 的宽度与长度比	几何形状特征
83	Wm	纹理的 2 阶矩	纹理特征

　　由表 4-10 可以看到，系统共提取了 84 个特征量。这些特征量按其类型来分，可分为几何形状特征、灰度特征、纹理特征、投影特征和分形特征。这些特征量有些是用来描述目标的空间位置与大小，如 Cen_ X、Cen_ Y、Width、Height 等，而大部分则用于缺陷的分类。

4.5.2　基于信息熵的特征选择方法

　　传统的统计模式识别[8]的研究主要集中在寻求最优分类器[9]的研究和设计上。不过，即使在最优分类器的条件下，系统的识别性能仍然有很大差异，而其决定因素往往在于特征的选择。但是，对于特征选择是如何影响模式识别性能方面的研究却少有报导，特征选择较之分类器设计对模式识别有更本质的影响，对这些影响的更深入的研究有助于对模式识别的更深入理解，这是模式识别研究需要不断探索并加以解决的问题。

　　信息熵的概念被香农成功地用于现代通信理论的建立。近年来，信息熵[10]的概念开始被用于特征选择和分类器的设计，但并未广泛地用于模式识别的研究中。模式识别系统中的模式样本具有模式类别和样本特征两重属性。由样本的模式类别属性构成的信息源称为模式类别信息源，它由样本可能的模式类别和这些模式类别出现的概率所构成。而由样本的特征属性构成的信息源称为样本特征信息源，它由样本特征和样本特征的概率分布函数所构成。这两类信息源可以分别用模式类别概率空间和样本特征概率空间来描述。

设 $E = \{W, P\}$ 是模式类别空间，其中 W 是样本类别集合：

$$W = (w_1, w_2, \cdots, w_n) \tag{4-1}$$

n 为模式类别数，P 是 W 的概率测度。各模式类别的先验概率为：$P(w_i)(i = 1, 2, \cdots, n)$，满足：

$$\sum_{i=1}^{n} P(w_i) = 1 \tag{4-2}$$

设 $F = \{X, P\}$ 是样本特征概率空间，其中 X 是样本特征向量：

$$X = (x_1, x_2, \cdots, x_N)^T \tag{4-3}$$

N 为特征向量维数。$P(X)$ 是 F 的样本特征概率密度函数，满足：

$$\int_{R^N} P(X)\,\mathrm{d}X = \int_{R^N} P(x_1, x_2, \cdots, x_N)\,\mathrm{d}x_1\,\mathrm{d}x_2\cdots\mathrm{d}x_N = 1 \tag{4-4}$$

这两类概率空间所描述的信息源在识别过程中的转换对模式识别起着重要作用，这些作用可以用定义在这些概率空间上的信息熵加以描述。

定义 1：在模式类别空间 E 上的系统熵定义为：

$$H(E) = -\sum_{i=1}^{n} P(w_i)\log P(w_i) \tag{4-5}$$

系统熵 $H(E)$ 描述了样本模式类别信息源的不确定性，在模式类别识别过程时必须解决这种不确定性。因此，系统熵表示识别过程中需要减少的信息熵。系统熵也可以定义为识别系统的识别容量。

模式识别系统中，需要识别的类别数越多，识别容量越大，则识别问题越困难，系统也就越复杂。因此，系统熵 $H(E)$ 也表示了识别问题的困难和系统的复杂程度，是识别系统重要性能指标之一。

定义 2：在样本特征概率空间 F 上，样本特征熵 $H(F)$ 定义为：

$$H(F) = -\sum_{R^N} P(X)\log P(X) \tag{4-6}$$

式中，R^N 是 N 维连续特征空间。

特征熵 $H(F)$ 表示样本的随机特征向量 X 在样本特征概率空间 F 中包含的特征信息容量，样本随机特征向量 X 是通过对模式样本进行观测和抽取得到的，是模式样本的特征属性。

为了说明模式识别过程中两类概率空间之间的信息传递和转换，下面定义两类条件熵。

定义 3：模式识别系统的特征条件熵 $H(F\mid E)$ 定义为：

$$H(F\mid E) = -\sum_{i=1}^{n} \sum_{R^N} P(w_i, X)\log P(X\mid w_i)\,\mathrm{d}X \tag{4-7}$$

因为

$$P(w_i, X) = P(X\mid w_i)P(w_i) \tag{4-8}$$

所以

$$H(F \mid E) = \sum_{i=1}^{n} \left(- \sum_{R^N} P(X \mid w_i) \log P(X \mid w_i) \, dX \right) P(w_i)$$

$$= \sum_{i=1}^{n} h(F \mid w_i) P(w_i) \tag{4-9}$$

其中

$$h(F \mid w_i) = - \sum P(X \mid w_i) \log P(X \mid w_i) \, dX \tag{4-10}$$

$h(F \mid w_i)$ 称为局部条件熵，它表示在样本模式类别 ω_i 确定后，样本的特征 x_i 所具有的不确定性。特征条件熵 $H(F \mid E)$ 则表示系统所有模式类别局部条件熵的平均值，是样本模式类别确定后样本特征的平均信息量，它说明了样本的特征 X 和样本的模式类别之间的相关程度。当样本的模式类别能唯一确定样本的特征 X 时，特征条件熵 $H(F \mid E)$ 将为 0。

定义 4： 模式识别系统的后验熵 $H(E \mid F)$ 定义为：

$$H(E \mid F) = - \sum_{i=1}^{n} \sum_{R^N} P(w_i, \ X) \log P(w_i \mid X) \, dX$$

$$= \sum_{i=1}^{n} P(X) \left(- \sum_{R^N} P(w_i \mid X) \log P(w_i \mid X) \right) dX$$

$$= \sum_{R^N} P(X) h(E \mid X) \, dX \tag{4-11}$$

式中

$$h(E \mid X) = - \sum_{i=1}^{n} P(w_i \mid X) \log P(w_i \mid X) \tag{4-12}$$

$h(E \mid X)$ 称为局部后验熵，表示在样本的特征确定后，样本的模式类别所具有的不确定性。系统的后验熵 $H(E \mid F)$ 是样本特征局部后验熵的平均值，表示样本特征确定后类别空间所有的平均信息量。系统后验熵同样也说明了样本模式类别和样本特征之间的相关程度。相关越紧密，则越有利于模式的识别。当样本特征能唯一确定样本类别时，系统的后验熵将为 0。

定义 5： 在样本模式类别概率空间 E 和样本特征概率空间 F 的乘积空间 $E \otimes F$ 上定义模式类别和样本特征的联合熵 $H(E, F)$，其定义为：

$$H(E, \ F) = - \sum_{i=1}^{n} \sum_{R^N} P(w_i, \ X) \log P(w_i \mid X) \, dX \tag{4-13}$$

$H(E, \ F)$ 表示样本的两类信息源在样本模式概率空间和样本特征概率空间中总共拥有的信息量。$H(E, \ F)$ 可以分解为：

$$H(E, F) = H(F) + H(E \mid F) \tag{4-14}$$

或

$$H(E, F) = H(E) + H(F \mid E) \tag{4-15}$$

定义 6： 在模式类别概率空间 E 上的互信息熵 $I(E, F)$ 定义为：

$$I(E, F) = H(E) - H(E \mid F) \tag{4-16}$$

在样本特征概率空间 F 上的互信息熵 $I(F, E)$ 定义为：

$$I(F, E) = H(F) - H(F \mid E) \tag{4-17}$$

互信息熵具有对等性，即：

$$I(E, F) = I(F, E) \tag{4-18}$$

互信息熵表示模式类别概率空间 E 和样本特征概率空间 F 所共有的信息量，即 $I(E, F)$ 表示模式识别类概率空间 E 中包含有样本特征概率空间 F 的信息量，$I(F, E)$ 则表示样本特征概率空间 F 中包含有模式类别概率空间 E 的信息量，这两者是完全相等的。

最优特征选择的标准就是能获得最大互信息熵 $I(F, E)$ 的特征，根据这一点，就可以通过下面的方法进行特征选择：

（1）由式（4-6）计算 $H(F_i)$，F_i 表示第 i 个特征，$i = 1, 2, \cdots, L$，L 为特征数目；

（2）由式（4-7）计算 $H(F_i | E_i)$，E_i 表示第 j 个缺陷类型，$j = 1, 2, \cdots, K$，K 为缺陷类型数；

（3）由式（4-17）计算 $I(F, E)$，由下面的形式给出：

$$I(F, E) = \begin{bmatrix} I(F_1, E_1) & I(F_1, E_2) & \cdots & I(F_1, E_L) \\ I(F_2, E_1) & I(F_2, E_2) & \cdots & I(F_2, E_L) \\ \vdots & \vdots & & \vdots \\ I(F_K, E_1) & I(F_K, E_2) & \cdots & I(F_K, E_L) \end{bmatrix} \tag{4-19}$$

式中，与行相对应的是特征类型，与列相对应的是缺陷类型。在每一行中，$I(F, E)$ 值较大的项表示该项所对应的特征类型对该项所对应的缺陷类型比较有效，因此就是我们所需要的特征类型。

4.6 缺陷分类试验

4.6.1 缺陷分类过程

缺陷分类过程如图 4-45 所示，这里以冷轧带钢常见的 6 类缺陷作为对象，包括："乳化液斑痕"、"压入氧化铁皮"、"锈痕"、"折印"、"边裂"和"辊印"。这 6 类缺陷中，"乳化液斑痕"、"压入氧化铁皮"和"锈痕"是通过明场照明方式检测到的，而"折印"、"边裂"和"辊印"是通过暗场照明方式检测到的。明场照明检测的缺陷与暗场照明检测的缺陷可以通过摄像头的编号加以区分（如单号的摄像头采集明场照明图像，双号的摄像头采集暗场照明图像），因此首先可以把这 6 种缺陷分成两组：明场照明检测的缺陷与暗场照明检测的缺陷。这两组缺陷可以用不同的分类器来识别，把对明场照明检测的缺陷进行分类的分类器称为分类器 1，把对暗场照明检测到的缺陷进行分类的分类器称为分类器 2。由于在缺陷检测过程中会检测到一些"非缺陷"，因此每个分类器不仅要识别 3 类缺陷类型，而且要识别"非缺陷"类型。根据第 4 章所述，在分类之前需要进行特征选择。把选择后的特征值作为特征集合，分别输入分类器 1 和分类器 2，以便对缺陷进行分类。

4.6.2 学习样本与测试样本的获取

将 4.4 节中检测到的 ROI 作为对分类器进行试验的测试样本集，试验用的测试样本集见表 4-11。

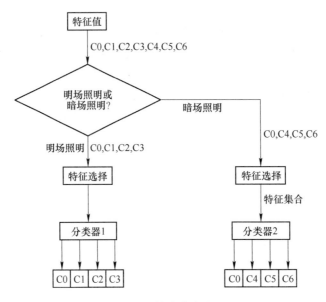

图 4-45 缺陷分类过程

C—缺陷类型；0—非缺陷；1—乳化液斑痕；2—锈痕；3—压入氧化铁皮；4—折印；5—边裂；6—辊印

表 4-11 试验用的测试样本数目

缺陷类型	乳化液斑痕	压入氧化铁皮	锈痕	折印	边裂	辊印	非缺陷（明场照明）	非缺陷（暗场照明）	总计
ROI 数目	418	2058	487	379	495	215	56	26	4134

为了对 BP 网络分类器进行训练，需要从表 4-11 的样本集中挑选典型的、能代表每类缺陷的样本，这一过程由人工实现。经挑选的用于 BP 网络分类器训练的样本集由表 4-12 给出。

表 4-12 试验用的训练样本集

缺陷类型	乳化液斑痕	压入氧化铁皮	锈痕	折印	边裂	辊印	非缺陷（明场照明）	非缺陷（暗场照明）	总计
ROI 数目	158	148	189	130	120	60	36	16	857

需要注意的是，训练样本对于 BP 网络的分类效果影响很大，在试验过程中发现，训练样本集的数量不能过多，也不能过少。如何选择训练样本集只能凭经验，并且依据训练后分类器的性能而定。

4.6.3 特征选择的结果

4.5 节中介绍了基于信息熵的特征选择方法，用该方法从表 4-10 给定的特征量集合中选择分类器 1 和分类器 2 的特征集合。首先计算表 4-10 中各个特征量对应于各个缺陷类型的信息熵。将明场照明检测的缺陷与暗场照明检测的缺陷分开考虑。由于"非缺陷"的数目太少，通过这些"非缺陷"样本计算得到的信息熵不足以反映特征量的有效性，所以在计算信息熵时不考虑"非缺陷"类型。表 4-13 是所有特征量与明场照明检测的缺陷类型的信息熵值，为了保存方便，表中的信息熵值都乘以1000，用整数表示。其中"合计"列中给出的前面三栏信息熵值的相加值，表中的特征量按"合计"列中的值从大到小排列。

表 4-13 特征量对明场照明缺陷的信息熵值（×1000）

特 征 量	乳化液斑痕	压入氧化铁皮	锈 痕	合 计
Gray_ Diff_ Min	256	104	282	642
Gray_ Diff_ Mean	143	128	334	605
Gray_ Diff_ Var	166	100	309	575
Gray_ BG_ Mean	235	92	160	487
Gray_ Diff_ Max	183	49	248	480
Compactness	102	255	103	460
Gray_ Diff_ Contrast	174	45	233	452
Gray_ ROI_ Mean	239	72	136	447
Gray_ BG_ Max	263	66	103	432
Gray_ ROI_ Max	263	66	103	432
Gray_ OB_ Max	266	59	97	422
Gray_ Diff_ Entropy	139	65	201	405
Gray_ OB_ Var	175	12	211	398
Gray_ ROI_ Contrast	184	48	151	383
Gray_ OB_ Contrast	163	28	165	356
Gray_ BG_ Min	151	47	142	340
Gray_ ROI_ Var	151	9	175	335
Wm	71	100	158	329
Gray_ BG_ Entropy	50	182	63	295
Gray_ OB_ Skewness	28	80	174	282
P45_ Skewness	27	166	84	277
PY_ Skewness	5	163	109	277
Gray_ OB_ Mean	182	67	27	276
Gray_ BG_ Power	38	184	47	269
PX_ Skewness	9	161	96	266
PY_ Factor0	69	122	69	260
PX_ Factor0	23	153	81	257
P135_ Skewness	9	164	83	256
Gray_ ROI_ Entropy	99	107	49	255
Gray_ ROI_ Skewness	33	112	110	255

特 征 量	乳化液斑痕	压入氧化铁皮	锈 痕	合 计
Gray_ OB_ Entropy	138	30	84	252
Gray_ Diff_ Power	71	19	152	242
Fractal_ Dimention	11	96	125	232
Gray_ ROI_ Kurtosis	25	108	96	229
Gray_ BG_ Skewness	19	127	76	222
We	53	45	124	222
P135_ Factor0	20	126	61	207
PY_ Factor2	30	58	118	206
P45_ Factor0	10	126	67	203
PY_ Factor3	68	92	39	199
Gray_ ROI_ Power	62	121	13	196
Gray_ OB_ Power	93	25	71	189
P135_ Factor3	20	116	53	189
Gray_ BG_ Contrast	34	91	36	161
PX_ Factor3	24	105	31	160
Gray_ BG_ Kurtosis	19	72	65	156
Object_ ROI_ Area	18	56	82	156
P45_ Factor3	6	102	45	153
Gray_ Diff_ Skewness	4	65	79	148
PY_ Kurtosis	70	14	45	129
Height	15	47	59	121
Gray_ BG_ Var	24	63	31	118
PX_ Factor2	3	67	47	117
PY_ Factor1	60	7	45	112
Centroid_ Y	29	33	45	107
Cen_ Y	29	34	43	106
Wh	21	17	68	106
Perimeter	23	40	28	91
Width	9	39	41	89
Area	17	32	35	84
Gray_ OB_ Min	40	37	6	83
Wc	20	17	46	83
Gray_ ROI_ Min	37	36	5	78
P135_ Kurtosis	16	36	18	70

特 征 量	乳化液斑痕	压入氧化铁皮	锈 痕	合 计
P135_ Factor2	7	27	33	67
P45_ Factor2	8	34	16	58
Centroid_ X	40	4	10	54
Gray_ OB_ Kurtosis	3	14	37	54
PX_ Kurtosis	16	29	9	54
Cen_ X	39	4	10	53
Main_ Axis	16	12	25	53
Width_ Height	8	15	29	52
P135_ Factor1	21	21	5	47
Gray_ Diff_ Kurtosis	9	20	16	45
P45_ Kurtosis	2	24	8	34
P45_ Factor1	2	17	7	26
IM_1	9	3	9	21
PX_ Factor1	7	3	6	16
IM_2	2	1	2	5
IM_3	2	1	2	5
IM_4	2	1	2	5
IM_5	1	1	1	3
IM_6	1	1	1	3
IM_7	1	1	1	3

由于基于信息熵的特征选择方法无法确定选择多少数目的特征量对分类器最为合适，就采用试验的方法，用不同数目的特征量对分类器 1 进行训练，把使训练结果达到最好的特征量作为分类器的特征集合。表 4-14 是分类器 1 的参数，选取"合计"列中值排在前面 n 位的特征量作为分类器 1 的输入，当 n 取不同的值时，对分类器 1 进行训练，比较分类器 1 训练的结果。表 4-15~表 4-20 给出了 $n=5$，7，9，11，13，15 时分类器 1 的训练结果。

表 4-14 分类器 1 的参数

α	η	隐含层数	输入层神经元数	输出层神经元数	隐含层神经元数	迭代次数
0. 7	0. 9	1	n	4	6	5000

表 4-15 $n=5$ 时分类器 1 的训练结果

缺陷类型 \ 识别为	乳化液斑痕	压入氧化铁皮	锈痕	非缺陷	合计	识别率/%
乳化液斑痕	118	38	2	0	158	74.7
压入氧化铁皮	5	143	0	0	148	96.6
锈痕	0	10	179	0	189	94.7
非缺陷	4	5	3	24	36	66.7
合　计	正确识别的样本数：464				531	87.4

表 4-16 $n=7$ 时分类器 1 的训练结果

缺陷类型 \ 识别为	乳化液斑痕	压入氧化铁皮	锈痕	非缺陷	合计	识别率/%
乳化液斑痕	133	6	19	0	158	84.2
压入氧化铁皮	1	146	1	0	148	98.6
锈痕	0	0	189	0	189	100
非缺陷	3	4	2	27	36	75
合　计	正确识别的样本数：495				531	93.2

表 4-17 $n=9$ 时分类器 1 的训练结果

缺陷类型 \ 识别为	乳化液斑痕	压入氧化铁皮	锈痕	非缺陷	合计	识别率/%
乳化液斑痕	158	0	0	0	158	100
压入氧化铁皮	1	146	1	0	148	98.6
锈痕	0	0	189	0	189	100
非缺陷	2	4	0	30	36	83.3
合　计	正确识别的样本数：523				531	98.5

表 4-18 $n=11$ 时分类器 1 的训练结果

缺陷类型 \ 识别为	乳化液斑痕	压入氧化铁皮	锈痕	非缺陷	合计	识别率/%
乳化液斑痕	158	0	0	0	158	100
压入氧化铁皮	1	146	1	0	148	98.6
锈痕	0	0	189	0	189	100
非缺陷	1	3	0	32	36	88.9
合　计	正确识别的样本数：525				531	98.9

表 4-19　　n=13 时分类器 1 的训练结果

缺陷类型　　　　识别为	乳化液斑痕	压入氧化铁皮	锈痕	非缺陷	合计	识别率/%
乳化液斑痕	158	0	0	0	158	100
压入氧化铁皮	1	146	1	0	148	98.6
锈痕	0	0	189	0	189	100
非缺陷	2	4	0	30	36	83.3
合　计	正确识别的样本数：523				531	98.5

表 4-20　　n=15 时分类器 1 的训练结果

缺陷类型　　　　识别为	乳化液斑痕	压入氧化铁皮	锈痕	非缺陷	合计	识别率/%
乳化液斑痕	158	0	0	0	158	100
压入氧化铁皮	1	146	1	0	148	98.6
锈痕	0	0	189	0	189	100
非缺陷	2	4	0	30	36	83.3
合　计	正确识别的样本数：523				531	98.5

　　由表 4-15～表 4-20 可以看出，当 n=11 时，分类器 1 的学习结果已经达到了最佳，因此可以选取表中排在前面 11 位的特征量作为分类器 1 的特征集合，也就是表中变灰的单元中的特征量。

　　按同样的方法来选择分类器 2 的特征集合。表 4-21 是所有特征量与明场照明检测的缺陷类型的信息熵值（乘以 1000）。

表 4-21　　特征量对暗场照明缺陷的信息熵值（×1000）

特　征　量	辊　印	边　裂	折　印	合　计
Gray_ OB_ Var	76	248	135	459
Gray_ BG_ Contrast	162	222	74	458
Width_ Height	82	128	214	424
Gray_ BG_ Var	132	195	42	369
Gray_ OB_ Contrast	69	195	85	349
Gray_ ROI_ Contrast	51	202	96	349
Object_ ROI_ Area	153	24	150	327
PY_ Factor0	165	22	137	324
Gray_ ROI_ Var	40	190	89	319
PY_ Factor3	179	9	122	310
Gray_ OB_ Max	30	117	155	302
PY_ Factor1	149	24	121	294
Gray_ ROI_ Max	29	139	116	284

特 征 量	辊 印	边 裂	折 印	合 计
Gray_ BG_ Entropy	68	151	63	282
PY_ Kurtosis	135	21	105	261
Gray_ OB_ Min	143	92	24	259
PX_ Skewness	105	37	114	256
Gray_ ROI_ Entropy	23	136	94	253
PX_ Factor3	157	6	86	249
PX_ Factor0	125	32	87	244
Gray_ BG_ Max	36	141	66	243
Gray_ Diff_ Max	97	29	114	240
Cen_ X	129	46	58	233
Gray_ BG_ Power	49	124	55	228
Gray_ ROI_ Power	18	97	108	223
Centroid_ X	127	51	42	220
Fractal_ Dimention	125	44	51	220
Gray_ Diff_ Mean	66	50	89	205
Wm	94	100	10	204
PX_ Factor1	114	14	74	202
Width	65	37	95	197
Gray_ Diff_ Entropy	132	24	33	189
PY_ Factor2	86	8	95	189
We	87	81	13	181
Gray_ BG_ Min	105	58	16	179
Gray_ ROI_ Min	105	58	16	179
PX_ Kurtosis	102	11	62	175
Gray_ BG_ Skewness	125	42	5	172
P135_ Skewness	66	32	68	166
Gray_ Diff_ Min	86	23	46	155
P135_ Factor1	66	34	49	149
Gray_ Diff_ Contrast	57	22	69	148
P135_ Factor3	93	6	49	148
Gray_ Diff_ Skewness	92	12	36	140
PX_ Factor2	61	24	54	139
P135_ Factor0	63	29	42	134
PY_ Skewness	78	20	30	128
Gray_ BG_ Kurtosis	85	25	5	115
Gray_ OB_ Mean	51	10	50	111

特 征 量	辊 印	边 裂	折 印	合 计
P45_ Skewness	43	18	50	111
P135_ Kurtosis	51	18	39	108
P45_ Factor0	45	28	35	108
Wh	39	56	9	104
Wc	35	52	13	100
Main_ Axis	62	7	30	99
Gray_ ROI_ Skewness	69	28	1	98
Gray_ ROI_ Kurtosis	58	33	3	94
P135_ Factor2	35	21	36	92
Height	18	15	51	84
Gray_ ROI_ Mean	39	7	35	81
P45_ Factor1	33	13	27	73
Gray_ OB_ Skewness	15	32	24	71
P45_ Factor3	36	7	28	71
Area	7	22	39	68
Gray_ Diff_ Kurtosis	45	7	10	62
Gray_ BG_ Mean	21	17	19	57
Gray_ OB_ Kurtosis	6	26	20	52
Perimeter	3	15	28	46
Centroid_ Y	16	6	21	43
Gray_ Diff_ Power	33	7	3	43
P45_ Factor2	18	8	17	43
P45_ Kurtosis	20	6	17	43
Cen_ Y	14	6	18	38
IM_2	4	9	7	20
Compactness	3	6	5	14
IM_7	3	6	5	14
Gray_ OB_ Entropy	3	5	4	12
Gray_ OB_ Power	3	5	4	12
IM_3	3	5	4	12
IM_4	3	5	4	12
IM_1	2	4	3	9
IM_6	2	4	3	9
IM_5	1	3	2	6
Gray_ Diff_ Var	1	1	1	3

表 4-22 给出了分类器 2 的参数。表 4-23～表 4-29 给出了 $n = 5$, 7, 9, 11, 13, 15, 17 时分类器 2 的训练结果。

表 4-22 分类器 2 的参数

α	η	隐含层数	输入层神经元数	输出层神经元数	隐含层神经元数	迭代次数
0.7	0.9	1	n	3	6	5000

表 4-23 $n=5$ 时分类器 2 的训练结果

识别为 / 缺陷类型	辊印	边裂	折印	非缺陷	合计	识别率/%
辊印	58	0	2	0	60	96.7
边裂	0	114	6	0	120	95.0
折印	0	3	127	0	130	97.7
非缺陷	4	3	3	6	16	37.5
合 计	正确识别的样本数：305				326	93.6

表 4-24 $n=7$ 时分类器 2 的训练结果

识别为 / 缺陷类型	辊印	边裂	折印	非缺陷	合计	识别率/%
辊印	60	0	0	0	60	100
边裂	0	120	0	0	120	100
折印	0	6	124	0	130	95.4
非缺陷	2	2	3	9	16	56.2
合 计	正确识别的样本数：313				326	96.0

表 4-25 $n=9$ 时分类器 2 的训练结果

识别为 / 缺陷类型	辊印	边裂	折印	非缺陷	合计	识别率/%
辊印	60	0	0	0	60	100
边裂	1	119	0	0	120	99.2
折印	0	2	128	0	130	98.5
非缺陷	1	2	3	10	16	62.5
合 计	正确识别的样本数：317				326	97.2

表 4-26 $n=11$ 时分类器 2 的训练结果

识别为 / 缺陷类型	辊印	边裂	折印	非缺陷	合计	识别率/%
辊印	60	0	0	0	60	100
边裂	1	119	0	0	120	99.2
折印	0	2	128	0	130	98.5
非缺陷	1	2	3	10	16	62.5
合 计	正确识别的样本数：317				326	97.2

表 4-27 $n=13$ 时分类器 2 的训练结果

缺陷类型 \ 识别为	辊印	边裂	折印	非缺陷	合计	识别率/%
辊印	60	0	0	0	60	100
边裂	0	120	0	0	120	100
折印	0	1	129	0	130	99.2
非缺陷	1	2	2	11	16	68.8
合 计	正确识别的样本数：320				326	98.2

表 4-28 $n=15$ 时分类器 2 的训练结果

缺陷类型 \ 识别为	辊印	边裂	折印	非缺陷	合计	识别率/%
辊印	60	0	0	0	60	100
边裂	0	120	0	0	120	100
折印	0	1	129	0	130	99.2
非缺陷	1	2	3	10	16	62.5
合 计	正确识别的样本数：319				326	97.8

表 4-29 $n=17$ 时分类器 2 的训练结果

缺陷类型 \ 识别为	辊印	边裂	折印	非缺陷	合计	识别率/%
辊印	60	0	0	0	60	100
边裂	1	119	0	0	120	99.2
折印	0	2	128	0	130	98.5
非缺陷	1	2	3	10	16	62.5
合 计	正确识别的样本数：317				326	97.2

由表 4-23~表 4-29 可以看出，当 $n=13$ 时，分类器 2 的学习结果已经达到了最佳，因此可以选取表 4-22 中排在前面 13 位的特征量作为分类器 2 的特征集合，也就是表 4-22 中变灰的单元中的特征量。

4.6.4　分类器的测试结果

对分类器 1 和分类器 2 用表 4-11 中的样本分别进行测试，测试的结果由表 4-30 和表 4-31 给出。

表 4-30　分类器 1 的测试结果

识别为 缺陷类型	乳化液斑痕	压入氧化铁皮	锈痕	非缺陷	合计	识别率/%
乳化液斑痕	408	2	8	0	418	97.6
压入氧化铁皮	135	1890	33	0	2058	91.8
锈痕	18	6	463	0	487	95.1
非缺陷	5	6	4	41	56	73.2
合　计	正确识别的样本数：2802				3019	92.8

表 4-31　分类器 2 的测试结果

识别为 缺陷类型	边裂	折印	辊印	非缺陷	合计	识别率/%
边裂	432	59	4	0	495	87.3
折印	40	328	11	0	379	86.5
辊印	2	1	212	0	215	98.6
非缺陷	4	5	2	15	26	73.2
合　计	正确识别的样本数：987				1115	88.5

　　由表 4-30 和表 4-31 可以看到，系统对明场照明检测到的缺陷的识别效果比较好，达到 90% 以上，对暗场照明检测到的缺陷识别效果要稍差一些，但也接近 90%。对"非缺陷"的识别效果不好，原因是"非缺陷"是由多种原因造成的，如可能由图像的噪声产生，也可能由表面的杂物产生，所以"非缺陷"之间的差别很大。不过"非缺陷"的数量很少，不会给系统的整体识别率造成大的影响。

参 考 文 献

[1] 中国金属学会编译. 热轧、冷轧、热镀金属板带的表面缺陷图谱 [R]. 2000.

[2] Xin Chen. QC-SIASIS：Definition of Defects. IBF RWTH-Aachen，Version：980923.

[3] 徐科. 基于图像处理的冷轧带钢表面监测系统的研究与实现 [R]. 博士后研究工作报告，北京：北京科技大学，2000.

[4] 高仁辉，王芳. 通钢冷轧硅钢乳化液斑痕问题的研究 [C]. 第三届全国金属加工润滑技术学术研讨会文集，2011.

[5] Zeng M，Li J，Peng Z. The design of top-hat morphological filter and application to infrared target detection [J]. Infrared Physics & Technology，2006，48（1）：67~76.

[6] 章立军，阳建宏，徐金梧，等. 形态非抽样小波及其在冲击信号特征提取中的应用 [J]. 振动与冲击，2007，26（10）：56~59.

[7] Evans A N，Liu X U. A morphological gradient approach to color edge detection [J]. IEEE Transactions on Image Processing，2006，15（6）：1454~1463.

[8] 沈清，汤霖. 模式识别导论 [M]. 长沙：国防科技大学出版社，1991.

[9] 鲁湛，丁晓青. 基于分类器判决可靠度估计的最优线性集成方法 [J]. 计算机学报，2002，25（8）：890~895.

[10] 刘华文. 基于信息熵的特征选择算法研究 [D]. 长春：吉林大学，2010.

5 热轧带钢表面在线检测系统

5.1 热轧带钢表面图像的特点

热轧带钢表面缺陷往往具有多样性、复杂性的特点，而且不同生产线产生的表面缺陷往往会有不同的特点，即使同一生产线在不同工艺参数，或在工艺参数相同而生产条件不同情况下产生的表面缺陷也有区别。由于热轧带钢表面缺陷的种类较多，为研究方便，本文选取常见的缺陷进行分析，详细介绍一些在生产线上收集到的典型缺陷并分析其形成原因[1]。

（1）裂纹。表面裂纹是在结晶器弯月面区域，由于钢水、坯壳、铜板和保护渣之间不均衡凝固产生的。这种不均衡凝固决定钢水在结晶器中的凝固过程，并且会导致轧制钢板表面的微细裂纹，影响产品表面质量。表面裂纹类型主要有纵向裂纹、横向裂纹和星状裂纹。

纵向裂纹是沿着拉坯方向，板坯表面中心位置或距离边部 10~15mm 处产生的裂纹。裂纹长 10~1500mm，宽 0.1~35mm，深小于 5mm。结晶器弯月面区凝固壳厚度不均匀性是产生表面纵裂纹的根本原因。

横向裂纹可位于连铸坯面部或角部，与振痕共生，深度 2~4mm，最深处可达 7mm。横向裂纹产生于结晶器初生坯壳形成振痕的波谷处，振痕越深，则横向裂纹越严重。典型裂纹缺陷如图 5-1 所示。

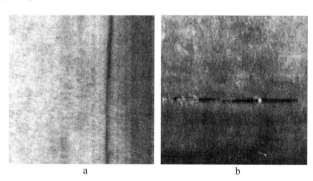

图 5-1 裂纹
a—纵向裂纹；b—横向裂纹

星状裂纹位于铸坯表面被一氧化铁覆盖，表面裂纹分布无方向性，形貌呈网状，一般裂纹深度可达 1~4mm，个别的甚至达 20mm。星状裂纹形成机理非常复杂，可能不是单一因素而是多种因素共同作用的结果。

（2）表面夹杂。钢板表面暴露的非金属夹杂物呈条状、片状、箭头状的局部起皮。根据宏观特性可以把缺陷分成三类。A 类：沿轧向延伸的梭状或椭圆状凹坑，深的可达 1~2mm，浅的只略低于钢板表面，坑的表面常呈现红棕色、白色或与钢板色彩无差异。B

类：疤皮、疤块，呈疤状缺陷；其外形也呈现梭状，且周边清晰可见，局部已与钢基分离脱落；疤层厚度一般为 0.2~0.5mm；疤层脱落的部位呈红棕色。C 类：凸泡。一般都沿轧向延伸呈梭状，密集时有几十个小泡连续分布。表面夹杂产生的原因是板坯中原有夹杂、分层等缺陷，轧后暴露在钢板的表面上。典型的表面夹杂如图 5-2 所示。

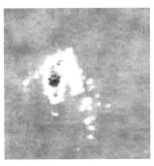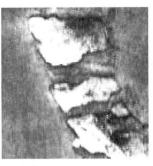

图 5-2　表面夹杂

（3）麻点。麻点是热轧钢板表面上局部或连续成片分布着的大小不同的凹坑、粗糙面或黑点状斑迹，呈条状、点状或者块状。成品钢板的表面呈局部的或连续的片状粗糙，并分布为形状不一、大小不同的凹坑，即麻点。麻点可分为黑面麻点和光面麻点，上表面麻点和下表面麻点。

麻点缺陷形成的原因是钢坯在加热炉加热过程中，生成氧化铁皮；氧化铁皮冷却后其硬度大于热态钢坯或钢板的硬度，在轧制过程中，被轧入钢板中，形成上下表面黑面麻点。典型的麻点缺陷如图 5-3 所示。

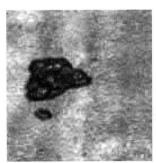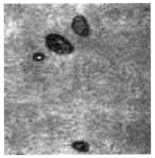

图 5-3　麻点

（4）划伤。划伤在钢板表面呈现直而细的细沟，有可见的深度，深浅不一。按平行或垂直于轧制方向进行划分，可将其分为纵向划伤和横向划伤；若按划伤的颜色进行划分，可将其分为氧化色划伤和金属光泽划伤。

划伤产生的原因主要有以下几种：加热炉内因煤气中硫含量高、滑块易结瘤造成表面划伤；轧机的机架辊等有尖棱突出，表面的划伤呈氧化色；矫直机的矫直辊及周围有尖棱突起，表面的划伤呈氧化色，属于纵向划伤。典型的划伤缺陷如图 5-4 所示。

（5）边裂。边裂是垂直于表面且贯穿整个板带厚度的位于边部纵向裂纹，在厚度轧制时，也会出现于轧件头尾。边裂易出现在连铸方坯或板坯轧制过程，也会出现在冷却过程。这类缺陷形成的更进一步的原因在于材料边部的局部区域受到超过它的强度极限的应力。典型的边裂缺陷如图 5-5 所示。

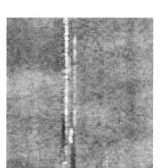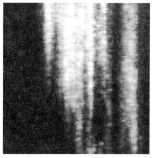

图 5-4　划伤样本图像

图 5-5　边裂

（6）辊印。辊印是带钢表面呈一定间距、周期性分布、大小形状基本一致的凸凹缺陷，并且外观形状不规则。根据产生辊印的工艺环节，该缺陷可分为轧钢辊印和精整辊印。根据辊印缺陷的凸凹程度，又可分为凸辊印和凹辊印。辊印产生的原因是由于轧辊质量不良掉肉，或辊子本身有压坑，或轧辊黏肉，在轧制中造成带钢表面上呈现周期性的凸包或凹坑。典型辊印如图 5-6 所示。

图 5-6　辊印

5.2　缺陷检测过程

5.2.1　算法流程

4.3 节中介绍了冷轧带钢表面缺陷检测与识别的算法流程，其中一个重要步骤是"目标检测"，即判断采集到的图像中是否存在着缺陷，只有存在缺陷的图像才被存到计算机缓存中，以便下一步处理。由于冷轧带钢表面质量好，背景比较简单，缺陷或伪缺陷的区域相对较少。因此，经过这一步骤可以大大减少下一步处理的图像数量，减轻下面步骤需要的处理时间。但是对于热轧带钢来说，由于其表面存在着大量的水、氧化铁皮及光照不均现象，如果用简单算法判断的话，存在这些现象的图像都会被认为有缺陷，那么"目标检测"步骤达不到减少图像数量的目的，起不到该步骤应有的作用。

　　针对热轧带钢表面的特点设计了热轧带钢的表面缺陷检测与识别的算法流程，如图5-7所示。

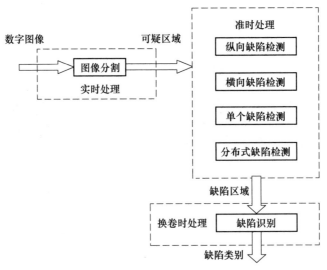

图 5-7　热轧带钢表面缺陷的检测与识别算法流程

　　与冷轧带钢表面缺陷检测与识别的算法流程相比，图 5-7 中最大的变化是没有"目标检测"步骤，但是增加了 4 种不同类型的缺陷检测步骤。这一变化是根据热轧带钢表面的特点作出的。根据前面所述，对于热轧带钢表面图像，"目标检测"步骤无法起到应有的效果，因此，图 5-7 中去除了"目标检测"步骤。4 种不同类型的缺陷检测步骤是根据热轧带钢表面缺陷的特点设置的，其目的是为了筛选可疑区域，减少由伪缺陷组成的可疑区域数量。从图 5-7 可以看出，热轧带钢表面缺陷的检测与识别算法需要经过 3 个步骤实现，分别是"图像分割"步骤，"缺陷检测"步骤以及"缺陷分类"步骤。

　　（1）图像分割：寻找可能存在缺陷的区域，该区域称为可疑区域，可疑区域可能由缺陷形成，也可能由伪缺陷形成。可疑区域的数据保存在计算机缓存中，以便进一步处理。由于每幅图像都要经过这一步骤，所以这一步骤需要实时完成，只能使用简单的算法。这一步骤的关键是要尽可能把所有的缺陷区域都找出来，以便避免缺陷的漏识；但同时又不能找出太多的伪缺陷，以便减少可疑区域的数量，减轻下面步骤的运算量。

　　（2）缺陷检测：由于可疑区域中会包含一些伪缺陷，如果将这些伪缺陷直接用于缺陷分类，那么会造成大量的误识，即将伪缺陷识别成缺陷。所以需要对可疑区域进行筛选，保证可疑区域尽可能由真缺陷组成。

　　（3）缺陷识别：经过"缺陷检测"步骤，大部分的伪缺陷被去除了，但是还会存在一些伪缺陷。而且,需要对检测到的缺陷进行自动分类。"缺陷识别"步骤用于对缺陷进行自动分类,以识别缺陷的类型,并去除剩余的伪缺陷。

由于每幅图像都要经过"图像分割"步骤,所以"图像分割"步骤需要实时完成。而"图像分割"步骤后得到的可疑区域保存到计算机缓存中,因此,"缺陷检测"步骤可以在 CPU 有空闲的时候进行,采取准时处理的方式。经过"缺陷检测"步骤后得到的缺陷区域保存到服务器中,因此,"缺陷识别"步骤可以在热轧带钢换卷时再进行。通过实时处理、准时处理和换卷时处理这三种方式,可以既保证数据处理的实时性,同时也保证缺陷的检出率与识别率。

5.2.2 图像分割

"图像分割"步骤的作用是搜索可疑区域,即缺陷可能存在的区域,这一过程需要实时完成。"图像分割"步骤的实现过程如图 5-8 所示。

图 5-8 中,原始图像为 CCD 摄像机采集到的热轧带钢表面图像,对原始图像进行均值处理,得到原始图像的参考图像,求原始图像与参考图像的绝对值差,得到差值图像,并对差值图像进行阈值处理,得到二值图像,对二值图像进行连通区域搜索,就可以得到可疑区域,可疑区域只是说明该区域可能是缺陷区域,但也可能不是缺陷区域,而且最终的缺陷区域可能由多个可疑区域组成。下面通过举例来说明"图像分割"步骤的实现过程。

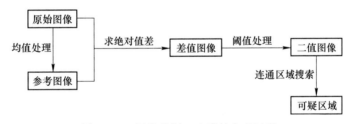

图 5-8   "图像分割"步骤的实现过程

图 5-9 说明了一个裂纹缺陷的"图像分割"过程。图 5-9a 是原始图像,该裂纹由一条纵向分布的线条组成,线条不一定是直线,而且中间可能有断开,并且该图像中存在着严重的光照不均现象及大量的噪声。对图 5-9a 所示原始图像进行均值处理,得到图 5-9b 所示的参考图像,该参考图像可以认为是原始图像的背景图像。

对图 5-9a 所示图像与图 5-9b 所示图像求算术差,并取绝对值,得到图 5-9c 所示的差值图像。图 5-9c 反映表征裂纹缺陷的线条,并且去除了光照不均及噪声。对图像 5-9c 所示图像进行自动阈值处理后可以得到图 5-9d 所示的二值图像,该阈值通过自动阈值算法得到。从图 5-9d 可以看出,图像中的亮点大部分由表征裂纹缺陷的线条组成,但也存在着不少噪声。

对图 5-9d 所示的二值图像进行连通区域搜索,并设定搜索到的连通区域的面积大于某个阈值是可疑区域,否则就认为该连通区域由噪声组成,可以得到图 5-9e 所示的可疑区域搜索结果,其中方框是可疑区域。可以看到裂纹缺陷基本包含在可疑区域内,但一个完整的缺陷可能由多个可疑区域组成。同时,有些可疑区域是由噪声和光照不均造成的,并不是真正的缺陷区域。

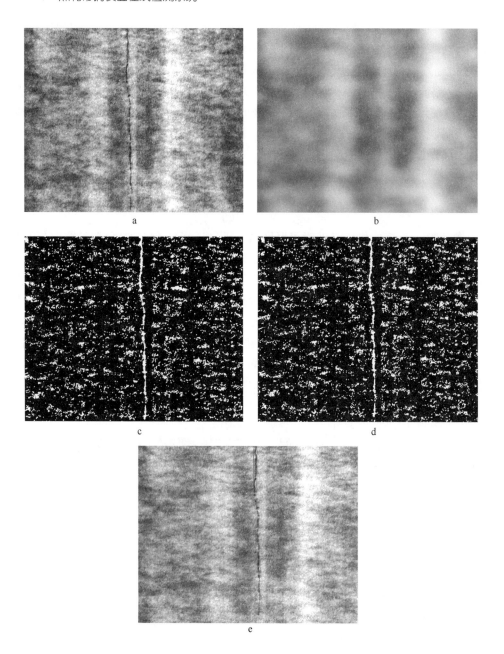

图 5-9 纵向裂纹的"图像分割"过程

a—原始图像；b—参考图像；c—差值图像；d—二值化图像；e—可疑区域搜索

因为需要实时完成，因此在实现上没有用到太复杂的算法。经测试，在 P42.0 的计算机上，对一幅 1024×512 的图像，"图像分割"步骤所需的时间不到 20ms。"图像分割"步骤得到的可疑区域存储在计算机的缓存中，以便作下一步的处理。

5.2.3 缺陷检测

由于可疑区域中会包含一些伪缺陷，如果将这些伪缺陷直接用于缺陷分类，那么会造成大量的误识，即将伪缺陷识别成缺陷。所以需要对可疑区域进行筛选，保证可疑区域尽可能由真缺陷组成。可疑区域筛选有两种方法，一种方法是去除伪缺陷，另一种是挑选真缺陷。由于伪缺陷基本由水、氧化铁皮与光照不均现象引起，很难找到算法将它们直接去除，因此只能采取第二种方案。热轧带钢表面缺陷从其形态与分布上可以分为以下4类：

（1）纵向缺陷：沿带钢轧制方向分布，一般在轧制方向有大的尺寸，但在宽度方向上的尺寸比较小，如纵裂和划伤等。图5-10a 为一纵裂样本图像。

（2）横向缺陷：沿带钢宽度方向分布，一般在带钢宽度方向上有大的尺寸，但在轧制方向上的尺寸比较小，如横裂和横向辊印等。图5-10b 为一横向辊印样本图像。

（3）单个缺陷：一些面积比较大的缺陷，这些缺陷不具有明显纵向分布和横向分布特点，如夹杂、气泡、结疤和折叠等。图5-10c 为一夹杂样本图像。

（4）分布式缺陷：这在一定范围内密集分布，虽然单个缺陷的面积不大，但是分布的面积比较广，如麻面、某些压痕等。图5-10d 为一麻面样本图像。

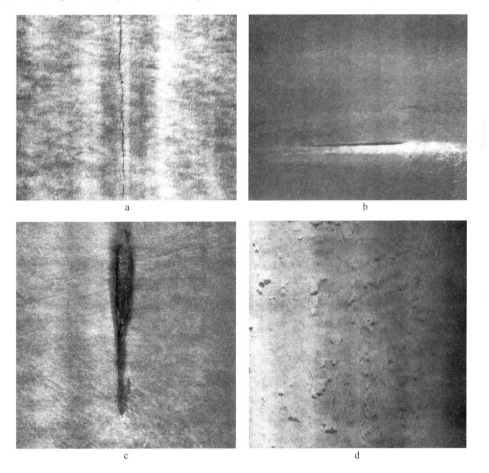

图 5-10　4 种不同类型的热轧带钢表面缺陷样本

a—纵裂；b—横向辊印；c—夹杂；d—麻面

这4类缺陷中，"单个缺陷"所包含的缺陷种类最多，但这些缺陷出现的几率比较小，因此缺陷的数量少。"纵向缺陷"包含的纵裂与划伤是热轧带钢最常出现的缺陷类型，并且也具有明显的特征，因此比较容易检测。"分布式缺陷"出现的数量也很多，并且由于单个缺陷面积小，需要将所有缺陷合并起来才能准确判断该缺陷的类型，因此这类缺陷检测的难度比较大。"横向缺陷"出现的几率最小，一般热轧带钢没有横向裂纹与横向的辊印。这 4 类缺陷包含了热轧带钢的所有缺陷类型。在"缺陷检测"步骤中就要根据这 4 类缺陷的特点，对已经得到的可疑区域进行检测，从可疑区域中找到这 4 类缺陷，并组成缺陷区域。下面以"纵向缺陷检测"为例，说明"缺陷检测"步骤的实现过程。

"纵向缺陷检测"的算法流程如图 5-11 所示。图 5-11 中，h/w 表示可疑区域的长宽比，即可疑区域在轧制方向上的尺寸除以宽度方向上的尺寸。图 5-12a 是对图 5-9e 所示的纵向裂纹可疑区域进行"纵向缺陷检测"后得到的结果，可以看到，方框内是一个完整的裂纹缺陷，并且图 5-12a 中的一些由噪声或光照不均造成的可疑区域没有被判断成缺陷区域。说明经过"缺陷检测"步骤可以实现对完整缺陷的提取及去除一些伪缺陷区域的功能，从而为下一步的缺陷分类奠定基础。

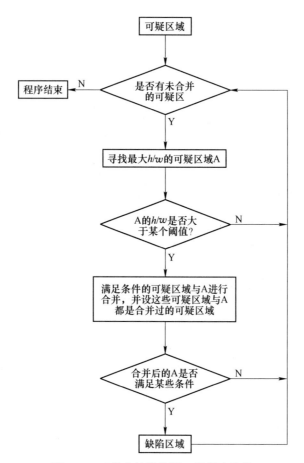

图 5-11   "纵向缺陷检测"的算法流程

"横向缺陷检测"与"单个缺陷检测"的实现过程与"纵向缺陷检测"类似，只是"横向缺陷检测"中的 h/w 改为 w/h，即宽长比，而"单个缺陷检测"中的 h/w 改为可疑区域中可疑点的面积，即可疑点的数目。

"分布式缺陷检测"的实现过程与图 5-11 所示过程有所不同，因为分布式缺陷的面积、长宽比或宽长比都不大，而是要根据分布式缺陷的分布特点，将相邻分布的可疑区域合并起来，再根据合并后的缺陷区域特征判断是不是分布式缺陷。

图 5-12 分别给出了图 5-10 所示 4 种不同类型热轧带钢表面缺陷的"缺陷检测"结果。从图 5-12 可以看出，经过"缺陷检测"步骤后，可以提取到完整的缺陷区域，并且去除一些由噪声、光照不均和其他因素造成的"伪缺陷区域"，因此，得到的缺陷区域数量比可疑区域数量少得多。由于"可疑区域"存储到计算机的缓存中，可以在 CPU 有空闲的时候执行"缺陷检测"步骤。因此，"缺陷检测"步骤可以不需要实时完成，但如果可疑区域的增加数目超过处理的数目，则会造成计算机缓存溢出的问题，所以，"缺陷检测"的步骤也不能花费太长时间。由于"可疑区域"的数目不会很多，所以"缺陷检测"步骤花费的时间不会太多，一般在 10ms 以下。

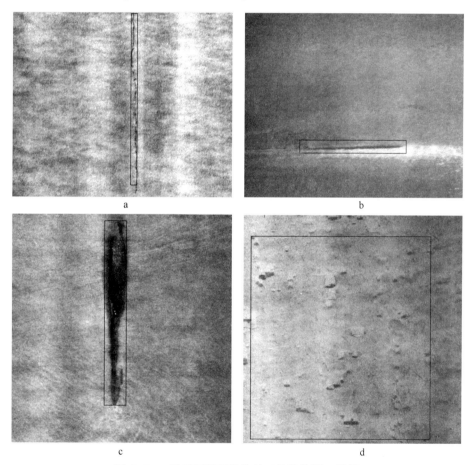

图 5-12　4 种不同类型缺陷的"缺陷检测"结果
a—纵裂；b—横向辊印；c—夹杂；d—麻面

经"缺陷检测"步骤后，可以得到缺陷区域，但是不能得到缺陷区域所代表的缺陷类型。如经过"纵向缺陷检测"得到的缺陷区域可能是裂纹，也可能是划伤或其他缺陷，而经过"单个缺陷检测"得到的缺陷区域所代表的缺陷类型就更多了。并且，虽然经过"缺陷检测"去除了大部分的"伪缺陷区域"，但是也会存在一些"伪缺陷区域"。因此，需要对"缺陷检测"步骤后得到的缺陷区域进行缺陷识别，从而得到缺陷的类别信息，并去除"伪缺陷"。由于热轧带钢表面在线检测对算法实时性的要求很高，因此采用具有很强并行性和很低特征质量要求的 Boosting 算法作为热轧带钢表面缺陷识别的分类器。

5.3 Adoboost 分类器

5.3.1 Boosting 算法概述

Boosting 是一种分类器融合算法。通常，Boosting 算法可以用于提高任何给定的学习算法的分类精确度，它的主要思路源于赛马赌博。赌马者为了赢得比赛，通常会参考每匹赛马以往的输赢记录，并且会求助一些专家的意见。不同的专家可能会给出不同的意见，而且专家的经验也不尽相同，赌马者既不能全信这些意见，也不能偏信某个专家的意见。那么，赌马者怎样挑选好的赛马参加评估？怎样把各个专家的意见综合起来呢？Boosting 算法提供了一种思路，通过考虑样本的状况，综合一些初步的、不太精确的判断规则，最后形成一个总体比较精确的分类器。

1984 年，Vapnik 提出了 PAC（Parallel Analysis Complexity）机器学习模型，建立了 Boosting 算法的理论框架基础；1990 年，Schapire 提出了最初的 Boosting 算法。一年以后，Freund 提出了一个效率更高的 Boosting 算法[3]。但是，这两个算法在解决实际问题时都存在一个重大的缺陷，即它们都要求实现知道弱学习算法正确率的下限，而这在实际问题中很难做到。

在机器学习领域，Kearns 和 Valiant 提出了弱学习算法与强学习算法的等价性问题，即在 PAC 学习模型中，若存在一个多项式级的学习算法可以识别一组概念，并且识别正确率很高，则这组概念就是强可学习的；而如果学习算法识别一组概念的正确率仅比随机猜测的结果略好，则这组概念就是弱可学习的。那么是否可以将一个弱学习算法提升成一个强学习算法呢？结论是：如果两者等价的话，则在学习时，只要能够找到一个比随机猜测略好的弱学习算法，就可以将其提升为强学习算法，而不必直接去找在一般情况下很难得到的强学习算法。

1995 年，Freund 和 Schapire 提出了将一族弱学习算法结合成一个强学习算法的 AdaBoost 算法，并且证明只要加入一个识别率略好于随机猜测的弱学习算法，就能够使最后所得到的分类器识别率有一个比较明显的提升。该算法的效率与 Freund 方法的效率几乎一样，但是却可以非常容易地应用到实际问题中。AdaBoost 算法具有良好的通用性，研究表明，决策树（Decision Trees）、神经网络（Neutral Network）、支持向量机（Support Vector Machine）都可以作为其弱学习算法。AdaBoost 算法提出后在机器学习领域得到极大的重视。

2001 年，Paul Viola 和 Michael Jones 提出了一种基于 AdaBoost 的人脸检测算法，同时建立了第一个真正实时的人脸检测系统，从根本上解决了检测速度的问题，同时也有较好的识别效果[4,5]。该方法的主要贡献包括：（1）提出了一种新的图像的表示方法——积分图像（Integral Image），用它可以快速地计算 Haar-like 特征作为人脸图像特征；（2）基于 AdaBoost 将大量弱分类器进行组合形成强分类器的学习方法；（3）将强分类器串联组成了级联（Cascade）分类器，提高了检测速度。先来分析一下 Viola 的方法。

首先，其分类器的构造过程中的特征选取是自动进行的，在所有矩形特征中自动选取最有效分类的特征，不像基于特征的方法需要人为总结启发式规则。其次，其类似分阶段设计的层叠分类器构造时，是通过目标驱动自动构造的，不像一般的分阶段的分类器设计方法每个阶段（层次）的分类器都得人工设计。基于上面的两个优势，Viola 的方法对一般模式分类问题具有普遍意义，更接近于人类的学习与分类模式。Viola 的方法自动选取有效特征可以避免基于特征的方法的尴尬，基于特征的方法在人们想到利用机器解决每个模式分类的问题时，必须针对具体问题重新通过人工费劲地总结分类特征。同时，Viola 级联分类器的结构符合由简单到复杂的认识规律，而这种由简单到复杂的层叠分类器是可以完全自动地构造的。Viola 方法构造分类器存在的一个问题，就是其训练速度较慢。

  Bagging 是 Breiman 提出的与 Boosting 相似的方法[6]。Bagging 方法的基本思想是给定一弱学习算法和一训练集 (x_1, y_1)，…，(x_n, y_n)，其中 x_i 是输入的训练样本向量，y_i 是分类的类别标志，让该弱学习算法训练多轮，每轮的训练集由初始的训练集中随机抽出的 n 个训练样本组成，初始训练样本在某轮训练集中可以出现多次或者根本不出现。训练之后可得到一个预测函数序列 h_1，…，h_m，最终的预测函数 H 对分类问题采用投票方式，对回归问题采用简单平均方法对新示例进行判别。图 5-13 为 Bagging 算法流程示意图。

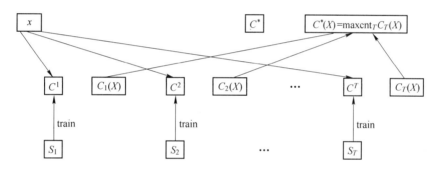

图 5-13 Bagging 算法流程示意图

  稳定性是 Bagging 能否提高预测准确率的关键因素。Bagging 对不稳定的学习算法（学习算法的不稳定性是指如果训练集有较小的变化，学习算法产生的预测函数将发生较大变化）能提高预测的准确度，而对稳定的学习算法效果不明显，有时甚至使预测准确度降低。

  Bagging 与 Boosting 的区别在于 Bagging 的训练集的选择是随机的，各轮训练集之间相互独立，而 Boosting 的训练集的选择不是独立的，各轮训练集的选择与前面各轮学习结果有关；Bagging 的各个预测函数没有权重，可以并行生成，而 Boosting 的训练样本是有权重的，各个分类器只能顺序生成。图 5-14 为 Boosting 算法流程示意图。对于像神经网络这样极为耗时的学习算法，Bagging 可以通过并行训练节省时间[7]。

5.3.2 AdaBoost 算法原理

  AdaBoost 学习算法原本是用来提高某种简单分类算法性能的，它通过对一些弱的分类器的组合来形成一个强的分类器。在 AdaBoost 算法中，每个训练样本都被赋予一个权值，表明该样本被某个弱分类器选中的概率。如果某个样本已经被正确地分类，那么在构造下一个训练集时，它被选中的概率就被降低；相反，如果样本没有被正确分类，那么它的权

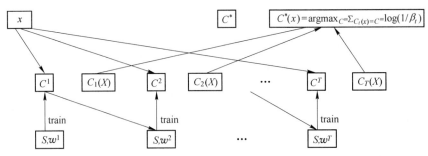

图 5-14 Boosting 算法流程示意图

值就得到提高，使得这些被错分的样本在下一轮学习中被重视。通过这种方法每一轮学习都集中在那些较困难的样本上。重复上述操作，每一轮都选出一个最优的弱分类器，最后由这些弱分类器的线性组合构成一个总的强分类器。

AdaBoost 学习过程本身提供的保证是非常强大的。Freund 和 Schapire 证明了强分类器的训练错误随着轮数的增加指数逼近零。更重要的是，已经有一组实验结果证明了一般化的训练结果[8]。能证明这一点的关键是这种一般化结果是和训练集范例的边缘增长十分相关的，而 AdaBoost 正好能够很快的获得较大的边缘增长。

传统的 AdaBoost 学习过程可以理解为一种贪心法特征选取过程。考虑到学习过程的一个普遍的问题，就是在学习过程中有一个很大的分类函数集，需要以不同的权重（类似投票法）把它们连接起来。那么，这之中最大的问题就是如何给好的分类器分配大的权值而给不好的分类器分配较低的权值。AdaBoost 是一种很高效的机制，他能选出很小一部分并且具有多样性的优秀分类器。如果把选取的特征和简单分类器等同起来，AdaBoost 也能很有效地找出很小一部分的特征，并且这些特征是有明显区别的。

5.3.3 决策树

决策树是设计 Boosting 分类器时最常用的弱分类器。决策树学习是以示例学习为基础的归纳推理算法，着眼于从一组无次序、无规则的事例中推出决策树表示形式的规则，学习到的决策树也能再表示为多个 If-Then 的规则。决策树归纳方法是目前许多基于规则进行归纳数据挖掘商用系统的基础，它在分类、预测和规则提取等领域运用最为广泛。到目前为止决策树有很多实现算法，例如由 Hunt 等人提出的 CLS 学习算法[9,10]，1986 年由 Quinlan 提出的 ID3 算法和 1993 年提出的 C4.5 算法，以及 CART，C5.0（C4.5 的商业版本），Fuzzy C4.5，SLIQ 和 SPRINT 等。

5.3.3.1 决策树方法介绍

从特殊的训练样例中归纳出一般函数是机器学习的中心问题。概念学习是指从有关某个布尔函数的输入输出训练样例中推断出该布尔函数[11]。决策树学习也可以看作是一个搜索问题的过程，它在预定义的假设空间中搜索假设，使其与训练样例有最佳的拟合度。其中这种概念的描述用决策树的方法表示，也可以以规则的形式表示。

在解决分类问题的各种方法中，决策树方法是运用最广泛的一种。它是一种逼近离散值函数的方法，对噪声数据有很好的适应性，而且能够学习析取表达式。决策树学习算法也是一种归纳算法，它采用"自顶向下、分而治之"的方法将搜索空间分为若干个互不相交的子集，通常用来形成分类器和预测模型，可以对未知数据进行分类预测和数据预处理等。

应用这种方法需要首先构建一棵决策树对分类过程进行建模，一旦树的模型建好了，就可以将其应用于数据集中的元组，并得到分类结果。人们的研究通常都集中在如何有效地构建一棵决策树，使它规模最小，分类精度较高。

5.3.3.2 决策树的表示

决策树通过把样本实例从根结点排列到某个叶子结点来对其进行分类。树上的每个内部结点（非叶子结点）代表对一个属性取值的测试，其分支就代表测试的每个结果；而树的每个叶子结点就代表一个分类的类别，树的最高层结点就是根结点。简单地说，决策树就是一个类似流程图的树形结构，采用自顶向下的递归方式，从树的根结点开始，在它的内部结点进行属性值的测试比较，然后按照给定实例的属性值确定对应的分支，最后在决策树的叶子结点得到结论。其中这个过程在以新的结点为根的子树上重复。

图 5-15 就是一棵决策树的示意结构描述。在图上，每个非叶子结点代表训练集数据的输入属性，Attribute Value 代表属性对应的值，叶子结点代表目标类别属性的值。其中，树的中间结点通常用矩形表示，而叶子结点常用椭圆表示。图中的"Yes"、"No"分别代表实例集中的正例和反例。

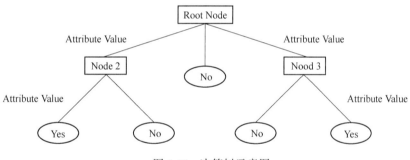

图 5-15 决策树示意图

通常决策树代表实例属性值约束的合取（conjunction）的析取式（disjunction）。从根到叶子结点的每一条路径对应一组属性测试的合取，而树本身则对应这些合取的析取。这样，对于生成的决策树可以很容易地转化成 If-Then 形式的分类规则。为了对未知数据对象进行分类识别，可以根据决策树的结构对数据集中的属性值进行测试，从决策树的根结点开始，逐渐向下，根据每个结点对应的划分将其归到相应的子结点，直到叶子结点。叶子结点所对应的类别就是该数据对象对应的分类。

5.3.3.3 决策树分类算法的学习过程

基本的决策树算法是一个贪心算法，现有的已开发的决策树学习算法都是这种核心算法的变体。该算法采用自上而下、分而治之的递归方式搜索遍历可能的决策树空间。这种方法是 ID3 算法和后继的 C4.5 算法的基础。如下所示的算法就是学习构造决策树的一个基本的归纳算法：

Decision Tree（Examples，Attribute list）//根据给定训练样本集生成一棵决策树。Examples 为训练样本集，Attribute list 是可供归纳的候选属性集。

输入：训练样本集，各属性取值均为离散值。

输出：返回一棵能正确分类训练样本集的决策树。

处理流程：创建决策树的根结点 N；If 所有样本均为同一类别 C，返回 N 作为一个叶子结点并标志为 C 类别；Else if Attribute list 为空，则返回 N 作为一个叶子结点，并标记为该结点所含样本中类别最多的类别；Else 从 Attribute list 从中选择一个分类 Examples 能力最好的属性 Attribute*，标记为根结点 N；For Attribute* 中的每一个已知取值 V_i，根据 Attribute* $=V_i$，从根结点产生相应的一个分支；设 S_i 为具有 Attribute* $= V_i$ 条件所获的样本子集，If S_i 为空，则将相应的叶子结点标记为该结点所含样本中类别最多的类别；Else 递归创建子树，调用 Decision Tree（S_i，Attribute list−Attribute*）。

由此我们可以清楚地看到，决策树是一种自顶向下增长树的贪婪算法，在每个结点选取能最好分类样本的属性，继续这个过程直到这棵树能完美地分类训练样例，或所有的属性均已被使用过。算法的重点在于 Attribute* 的选取。

算法递归执行的终止条件是：

（1）根结点对应的所有样本均为同一类别。

（2）假若没有属性可用于划分当前的样本子集，则利用投票原则，将当前结点强制为叶子结点，并标记为当前结点所含样本集中占统治地位的类别。

（3）假若没有样本满足 Attribute* $= V_i$，那么创建一个叶子结点，并将其标记为当前结点所含样本集中占统治地位的类别。

分类在数据挖掘中是一项非常重要的任务，目前在商业中应用最多。分类的目的是通过学习得到一个分类函数或分类模型，该模型能把数据库中的数据映射到给定类别中的某一个。分类和回归都可用于预测。预测的目的是从历史数据记录中自动推导出给定数据的推广描述，从而能对未来数据进行预测。

利用决策树对数据进行分类和预测遵循两大步骤，如图 5-16 所示。首先对训练数据进行学习，建构一棵决策树，即决策树的归纳；然后对于每个具体测试样本，利用生成的决策树提取的分类规则，确定样本的类别。

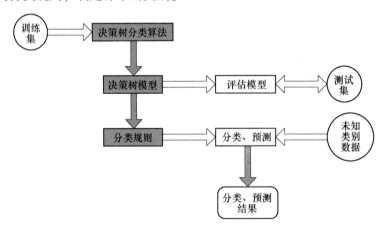

图 5-16 决策树工作原理流程图

按照决策树对数据分类的步骤，我们可以看出它隐含地定义了一个映射。这个映射所需要的过程就是决策树的数据判别从根到叶子结点的流程。当然不同的决策树算法所形成的决策树是不同的，因此对同一数据集的分类结果也不同。

5.3.4 基于 AdaBoost 算法的分类器训练方法

AdaBoost 算法是一种强大的机器学习算法，可通过重新分配样本权重的方法，在一个（大的）弱分类器集合的基础上得到一个强分类器。弱分类器只被要求比随机猜测稍微好点。通常所采用的弱分类器集是仅使用特征库的一个特征结合一个简单的二进制阈值决策的分类器。在每次提升时，增加能对加权训练样本进行最佳分类的基于特征的分类器。随着级次的增加，弱分类器数量也随之增加，用以在指定的正确检测率下达到期望的虚假正确率。

一个弱分类器 $(h_j(x))$ 仅包含一个特征 (f_j)，阈值 (θ_j) 和决定不等号方向的比例 (p_j)：

$$h_j(x) = \begin{cases} 1 & (\text{if } p_j f_j < p_j \theta_j) \\ 0 & (\text{其他}) \end{cases} \tag{5-1}$$

式中，x 为图像的子窗口。

给定的训练集——样本图像 (x_1, y_1)，$\cdots$，(x_n, y_n)，其中 $y_i = 0, 1$ 对应于正样本（目标图像）和负样本（不含目标的任意图像）。初始化权重：

$$\omega_{1, i} = \begin{cases} \dfrac{1}{2m} & (y_i = 0) \\ \dfrac{1}{2l} & (y_i = 1) \end{cases} \tag{5-2}$$

式中，m 为正样本数量；l 为负样本数量。

从 $t = 1, \cdots, T$ 进行循环计算：

（1）标准化权重：

$$\omega_{i, j} \leftarrow \frac{\omega_{i, j}}{\sum\limits_{j=1}^{n} \omega_{i, j}} \tag{5-3}$$

（2）对每个特征 j，训练分类器 h_j。计算该分类器的误差 ε_j：

$$\varepsilon_j = \sum_i \omega_i |h_j(x_i) - y_i| \tag{5-4}$$

（3）选出 ε_i 最小的分类器 h_i，并更新权重：

$$\omega_{i+1, j} = \omega_{i, j} \beta_i^{1-\varepsilon_i} \tag{5-5}$$

式中，当分类正确时 $\varepsilon_i = 0$，否则 $\varepsilon_i = 1$；$\beta_i = \dfrac{\varepsilon_i}{1 - \varepsilon_i}$。

最终得到一个强分类器：

$$h(x) = \begin{cases} 1 & (\sum\limits_{t=1}^{T} a_i h_i(x) \geqslant \dfrac{1}{2} \sum\limits_{t=1}^{T} \alpha_i) \\ 0 & (\text{其他}) \end{cases} \tag{5-6}$$

式中，$\alpha_i = \log \dfrac{1}{\beta_i}$。

5.3.5   改进的 AdaBoost 算法

在 AdaBoost 算法中，每个训练样本都被赋予一个权值，表明该样本被某个弱分类器选中的概率。如果某个样本已经被正确地分类，那么在构造下一个训练集时，它被选中的概率就被降低；相反，如果样本没有被正确分类，那么它的权值就得到提高，使得这些被错分的样本在下一轮学习中被重视。通过这种方法每一轮学习都集中在那些较困难的样本上。这样的权值更新规则可以保证学习算法集中处理比较困难的训练样本，但是如果训练样本集包含噪声样本或者其他复杂的非目标样本时，AdaBoost 算法将会给这些样本分配较高的权值，最终可能导致过匹配（overfitting）现象，从而降低算法性能。由于 AdaBoost 算法的权值更新规则仅仅依据某个样本是否被错误分类来对其更新权值，所以无法避免这个情况。

对 AdaBoost 算法的权值更新规则加以改进，提出了新的权值更新方法：在每轮训练中，定义一个阈值 YZ_t，结合样本是否被错误分类以及当前权值是否大于 YZ_t 来给样本更新权值。即：

$$\omega_{t+1}(x_i) = \frac{\omega_t(x_i)}{z_t} \times \begin{cases} \beta_t & (h_t(x_i) = y_i) \\ \dfrac{1}{\beta_t} & (如果 h_t(x_i) \neq y_i，且 \omega_t(x_i) \geq YZ_t) \\ \beta_t & (如果 h_t(x_i) \neq y_i，且 \omega_t(x_i) \geq YZ_t) \end{cases} \tag{5-7}$$

式中，Z_t 是使 $\sum_{i=1}^{n} \omega_{t-1}(x_i) = 1$ 的归一化因子，$\beta_t = \dfrac{\varepsilon_t}{1 - \varepsilon_t}$，$YZ_t$ 是第 t 轮训练中的权值更新阈值，取该轮训练中所有样本权值的均值作为 YZ_t，即 $YZ_t = \dfrac{\sum_{i=1}^{n} \omega_t(x_i)}{n}$。

这样只有当某个样本被错误分类，且当前权值 ω_t 小于该轮的权值更新阈值 YZ_t 时，这个样本的权值才会被增加，否则，其权值都将被减小。这样，即使困难样本在每轮都被错误分类，他们的权值也不会被过分增大，从而在一定程度上避免了过匹配现象的发生。在此基础上设计分类器。

给定弱学习算法：

$$h_j(x) = \begin{cases} 1 & (\text{if } p_j f_j < p_j \theta_j) \\ 0 & (其他) \end{cases} \tag{5-8}$$

和训练样本集 $\{(x_1, y_1), (x_2, y_2), \cdots, (x_N, y_N)\}$，其中，$x_i$ 是输入训练样本向量，且 $x_i \in X$，X 是训练样本集；$y_i = 0, 1$ 对应于正样本（目标图像）和负样本（不含目标的任意图像）。初始化权重：

$$\omega_{1, i} = \begin{cases} \dfrac{1}{2m} & (y_i = 0) \\ \dfrac{1}{2l} & (y_i = 1) \end{cases} \tag{5-9}$$

式中，m 为正样本数量；l 为负样本数量。

对所有 $t = 1, 2, \cdots, T$ 作以下处理：

（1）对每个特征 j，训练分类器 h_j。计算该分类器的误差 ε_j：

$$\varepsilon_j = \sum \omega_i \left| h_j(x_j) - y_i \right| \tag{5-10}$$

（2）设定该轮训练的权值更新阈值：

$$YZ_t = \frac{\sum\limits_{i=1}^{n} \omega_t(x_i)}{n} \tag{5-11}$$

（3）更新样本权值：

$$\omega_{t+1}(x_i) = \frac{\omega_t(x_i)}{z_t} \times \begin{cases} \beta_t & (h_t(x_i) = y_i) \\ \dfrac{1}{\beta_t} & (如果\ h_t(x_i) \neq y_i, \text{且}\ \omega_t(x_i) \geqslant YZ_t) \\ \beta_t & (如果\ h_t(x_i) \neq y_i, \text{且}\ \omega_t(x_i) \geqslant YZ_t) \end{cases} \tag{5-12}$$

式中，Z_t 是使 $\sum\limits_{i=1}^{n} \omega_{t-1}(x_i) = 1$ 的归一化因子，$\beta_t = \dfrac{\varepsilon_t}{1 - \varepsilon_t}$，$YZ_t$ 是第 t 轮训练中的权值更新阈值。

T 轮训练结束后，最终得到一个强分类器：

$$H(x) = \text{sign}\left(\sum_{t=1}^{T} (-\ln\beta_t) h_t(x) \right) \tag{5-13}$$

作为传统的 Boosting 算法，上述的算法只可以解决两类问题。对于多类的分类问题可以使用 AdaBoost.MH 算法将其简化为两类分类的问题，但同时需要较大的训练数据。

5.4　在线应用

5.4.1　样本采集

从现场采集到的样本中进行分类整理，选择其中的 100 幅麻面样本，100 幅氧化铁皮样本，20 幅夹杂样本作为训练样本，其余 216 幅图像（其中 103 幅麻面图像、90 幅氧化铁皮图像和 23 幅夹杂图像）作为测试样本。

5.4.2　参数选择

影响分类器效果的输入参数有 4 个，分别是：

（1）boost type，即 Boosting 分类器的种类，有 4 种，分别为：REAL（实数 AdaBoost），DISCRETE（离散 AdaBoost），LOGIT，GENTLE。

（2）weak count，即弱分类器个数。

（3）weight trim rate，是控制被正确分类的样本不进入新的弱分类器训练样本集中的几率的一个参数。

（4）max depth，即弱分类器（决策树）的最大层数。

其中 boost type 选择实数 AdaBoost，这是最常用的 AdaBoost 方法；weight trim rate 选择

0.95；max depth 与 weak count 的选择对最后分类正确率和识别运算的时间影响比较大，所以下面要比较说明，最后选取一个结果最好的最大层数。

先看决策树层数的选择过程。表 5-1~表 5-10 列出 max depth 参数分别选取 1~10 时的具体识别率和识别时间（暂取弱分类器数目为 150）。从这 10 个表可以看出当层数为 7 时识别准确率最高，所以最后选择 max depth 为 7。

表 5-1 识别率与识别时间（决策树最大层数为 1 层）

缺陷类型	样本数	正确个数	识别率/%	平均识别时间/ms
氧化铁皮	90	90	100	
麻面	103	0	0	
夹杂	23	0	0	0.1249
合　计	216	90	41.67	

表 5-2 识别率与识别时间（决策树最大层数为 2 层）

缺陷类型	样本数	正确个数	识别率/%	平均识别时间/ms
氧化铁皮	90	78	86.67	
麻面	103	97	94.17	
夹杂	23	13	56.52	0.2041
合　计	216	188	87.04	

表 5-3 识别率与识别时间（决策树最大层数为 3 层）

缺陷类型	样本数	正确个数	识别率/%	平均识别时间/ms
氧化铁皮	90	75	83.33	
麻面	103	98	95.15	
夹杂	23	17	73.91	0.2929
合　计	216	190	87.96	

表 5-4 识别率与识别时间（决策树最大层数为 4 层）

缺陷类型	样本数	正确个数	识别率/%	平均识别时间/ms
氧化铁皮	90	73	81.11	
麻面	103	99	96.12	
夹杂	23	17	73.91	0.3533
合　计	216	189	87.50	

表 5-5 识别率与识别时间（决策树最大层数为 5 层）

缺陷类型	样本数	正确个数	识别率/%	平均识别时间/ms
氧化铁皮	90	75	83.33	
麻面	103	99	96.12	
夹杂	23	16	69.57	0.4283
合　计	216	190	87.96	

表 5-6 识别率与识别时间（决策树最大层数为 6 层）

缺陷类型	样本数	正确个数	识别率/%	平均识别时间/ms
氧化铁皮	90	71	78.89	
麻面	103	96	93.20	0.3595
夹杂	23	17	73.91	
合　计	216	184	85.19	

表 5-7 识别率与识别时间（决策树最大层数为 7 层）

缺陷类型	样本数	正确个数	识别率/%	平均识别时间/ms
氧化铁皮	90	77	85.56	
麻面	103	99	96.12	0.6875
夹杂	23	16	69.57	
合　计	216	192	88.89	

表 5-8 识别率与识别时间（决策树最大层数为 8 层）

缺陷类型	样本数	正确个数	识别率/%	平均识别时间/ms
氧化铁皮	90	74	82.22	
麻面	103	96	93.20	0.3814
夹杂	23	15	65.22	
合　计	216	185	85.65	

表 5-9 识别率与识别时间（决策树最大层数为 9 层）

缺陷类型	样本数	正确个数	识别率/%	平均识别时间/ms
氧化铁皮	90	76	84.44	
麻面	103	98	95.15	1.080
夹杂	23	17	73.91	
合　计	216	190	88.43	

表 5-10 识别率与识别时间（决策树最大层数为 10 层）

缺陷类型	样本数	正确个数	识别率/%	平均识别时间/ms
氧化铁皮	90	76	84.44	
麻面	103	98	95.15	0.4676
夹杂	23	16	69.57	
合　计	216	190	87.96	

　　弱分类器个数的选择也采用与决策树的最大层数选取类似的方法。比较此参数从 25～200 之间以 25 为一级进行跳变的识别结果，表 5-11～表 5-18 列举了这一结果。可以看出当弱分类器个数为 75 时有最高的识别率，所以最后选取参数 75。

表 5-11　识别率与识别时间（弱分类器个数为 25）

缺陷类型	样本数	正确个数	识别率/%	平均识别时间/ms
氧化铁皮	90	74	82.22	
麻面	103	99	96.12	0.1026
夹杂	23	18	78.26	
合　计	216	191	88.43	

表 5-12　识别率与识别时间（弱分类器个数为 50）

缺陷类型	样本数	正确个数	识别率/%	平均识别时间/ms
氧化铁皮	90	75	83.33	
麻面	103	99	96.12	0.2108
夹杂	23	17	73.91	
合　计	216	191	88.43	

表 5-13　识别率与识别时间（弱分类器个数为 75）

缺陷类型	样本数	正确个数	识别率/%	平均识别时间/ms
氧化铁皮	90	77	85.56	
麻面	103	100	97.09	0.3254
夹杂	23	17	73.91	
合　计	216	194	89.81	

表 5-14　识别率与识别时间（弱分类器个数为 100）

缺陷类型	样本数	正确个数	识别率/%	平均识别时间/ms
氧化铁皮	90	77	85.56	
麻面	103	99	96.12	0.4348
夹杂	23	17	73.91	
合　计	216	193	89.35	

表 5-15　识别率与识别时间（弱分类器个数为 125）

缺陷类型	样本数	正确个数	识别率/%	平均识别时间/ms
氧化铁皮	90	77	85.56	
麻面	103	99	96.11	0.5881
夹杂	23	16	69.57	
合　计	216	192	88.89	

表 5-16 识别率与识别时间（弱分类器个数为 150）

缺陷类型	样本数	正确个数	识别率/%	平均识别时间/ms
氧化铁皮	90	77	84.44	
麻面	103	99	95.15	0.6875
夹杂	23	16	69.57	
合　计	216	192	88.89	

表 5-17 识别率与识别时间（弱分类器个数为 175）

缺陷类型	样本数	正确个数	识别率/%	平均识别时间/ms
氧化铁皮	90	76	84.44	
麻面	103	99	96.12	0.8650
夹杂	23	16	69.57	
合　计	216	190	88.42	

表 5-18 识别率与识别时间（弱分类器个数为 200）

缺陷类型	样本数	正确个数	识别率/%	平均识别时间/ms
氧化铁皮	90	76	84.44	
麻面	103	99	96.11	1.0827
夹杂	23	16	69.57	
合　计	216	190	88.43	

最后 max depth（弱分类器最大层数）和 weak count（弱分类器个数）两个参数分别选取为 7 和 75。

5.4.3 应用结果

表 5-19 和表 5-20 分别给出了训练样本和测试样本的识别结果。由表 5-19 可以看到，测试样本的识别结果达到了 100%。由表 5-20 可以看到，麻面的识别率达到了 97.09%，但是氧化铁皮和夹杂的识别率不高，主要原因在于氧化铁皮的形态比较复杂多样，不像麻面那样外形比较一致；而收集到夹杂缺陷样本数量太少，导致对夹杂的识别结果不是很理想。

由表 5-20 可以看出，AdaBoost 分类器适用于热轧带钢表面缺陷的识别，对一幅图像进行识别的时间平均仅需 0.3254ms，达到了在线识别的实时要求。

表 5-19 训练样本的识别结果

缺陷类型	样本数	正确个数	识别率/%
麻面	100	100	100
氧化铁皮	100	100	100
夹杂	20	20	100
合　计	220	220	100

表 5-20　测试样本的识别结果

缺陷类型	样本数	正确个数	识别率/%	平均识别时间/ms
麻面	103	100	97.09	
氧化铁皮	90	77	85.56	0.3254
夹杂	23	17	73.91	
合　计	216	194	89.81	

参 考 文 献

[1] 热轧、冷轧、热镀、电镀金属板带的表面缺陷图谱 [M]. 2 版. 德国钢铁学会，中国金属学会编译. 北京：《钢铁》编辑部，2000.

[2] 杨澄. 热轧带钢辊印问题分析和改进 [C]. 2007 年中国钢铁年会论文集. 2008.

[3] Freund Y, Schapire R E. A short introduction to boosting [J]. Journal of Japanese Society for Artificial Intelligence, 1999, 14 (5)：771~780.

[4] Viola P, Jones M. Rapid object detection using a boosted cascade of simple feature [J]. Process of IEEE Conference on Computer Vision and Pattern Recognition 2001. Los Alamitors：IEEE Computer Society Press, 2001：511~518.

[5] Viola P, Jones M. Rapid real-time object detection [J]. Process of IEEE workshop on Statistical and Computational Theories of Vision. Vancouver, Canada, 2001.

[6] 沈学华，周志华，吴建鑫，等. Boosting 和 Bagging 综述 [J]. 计算机工程与应用，2000，12：31~32，40.

[7] Breiman L. Bagging Predictors [J]. Machine learning, 1996, 24 (2)：123~140.

[8] Freund Y Schapire R E. Experiments with a new boosting algorithm [J]. Thirteenth International Conference on Machine Learing, 1996.

[9] Porter B W, Baress E R, Holte R. Concept Learning and Heuristic Classification in Weak Theory Domains [J]. Artificial Intelligence, 1989, 45 (2)：229~263.

[10] Quinlan J R. The Effect of Noise on Concept Learning [J]. In：R Smichalske, J G Carbonell, T M Mitchell. Machine Learning：An Artificial Intelligence Approach, Morgan Kaufmann. 1986：239~266.

[11] Hunt E G, Hovland D I. Programming a Model of Human Concept Formation [J]. In E Feigenbaum & J Feldman, (Eds). Computers and Thought, New York, McGraw Hill, 1963：310~325.

6 中厚板表面缺陷在线检测系统

6.1 中厚板表面缺陷

中厚板常见表面缺陷按照其形成原因可分为两类：一类是冶炼缺陷，包括裂纹、气泡、夹杂、结疤、重皮等；另一类是轧制缺陷，包括划伤、麻点、压入氧化铁皮、压痕、折叠等。本章将对这些缺陷类型进行成因及其外观特征上的分析，为通过图像处理方法自动识别这些缺陷提供基础。

6.1.1 冶炼缺陷

（1）裂纹。表面裂纹是在结晶器弯月面区域，由于钢水—坯壳—铜板—保护渣之间不均衡凝固产生的。它决定钢水在结晶器中的凝固过程。它会导致轧制钢板表面的微细裂纹，影响产品表面质量。连铸坯裂纹的形成是一个非常复杂的过程，是传热、传质和应力相互作用的结果。带液心的高温铸坯在连铸机运行过程中，各种力作用于高温坯壳上产生变形，超过了钢的允许强度和应变是产生裂纹的外因，钢对裂纹的敏感性是产生裂纹的内因，而连铸机设备和工艺因素是产生裂纹的条件。表面裂纹类型主要有纵裂、横裂和星状裂纹[1,2]。

1）纵向裂纹：沿拉坯方向，板坯表面中心位置或距边部 10~15mm 处产生的裂纹。裂纹长 10~1500mm，宽 0.1~35mm，深<5mm。纵裂纹大部分集中在铸坯的内弧中部，长度不等，有时贯穿整支铸坯为大纵裂纹，深度约 10~15mm；部分断断续续，或是间断性凹陷。图 6-1 为表面检测系统在线采集到的纵向裂纹样本图像。

图 6-1　纵向裂纹

2）横向裂纹：可位于铸坯面部或角部，与振痕共生，深度 2~4mm，可达 7mm，裂纹深处生成氧化铁。铸坯横裂纹常常被氧化铁覆盖，有时不易发现。图 6-2 为表面检测系统在线采集到的横向裂纹样本图像。

3）星状裂纹：裂纹位于铸坯表面被氧化铁覆盖，表面裂纹分布无方向性，形貌呈网状，一般裂纹深度可达 1~4mm，个别有的甚至达 20mm。金相观察表明，裂纹沿初生奥氏体晶界扩展。裂纹中充满氧化铁，轧制成品板材表面裂纹走向不规则，成弥散分布，有

图 6-2　横向裂纹

时细若发丝，深度很浅，必须进行人工修磨，裂纹很深无法修磨时，必须进行改判或判废。图 6-3 为表面检测系统在线采集到的星状裂纹样本图像。

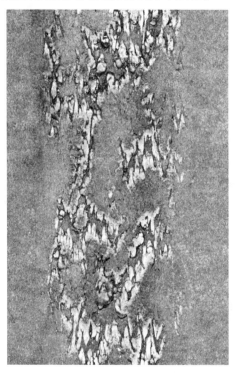

图 6-3　星状裂纹

（2）表面夹杂。钢板表面暴露的非金属夹杂物。呈条状、片状、箭头状的局部起皮，在钢板的某一部位，沿轧制方向断续分布。夹杂缺陷在 10~50mm 厚的钢板表面上均出现。涉及的钢种有 16Mn、16MnR、20g、Q235 和船板等。根据宏观特征可把缺陷分为三类。A 类：沿轧向延伸的梭状或椭圆状凹坑，深的可达 1~2mm，浅的只略低于钢板表面，坑的表面常呈现红棕色、白色或与钢板色彩无差异。B 类：疤皮、疤块，呈疤状缺陷。见外形亦呈梭状，其周边界线清晰可见，局部已与钢基分离脱落。疤层厚度一般为 0.2~0.5mm。疤层脱落了的部位呈红棕色。C 类：凸泡。一般都沿轧向延伸呈梭状，密集时有几十个小泡连续分布，最大尺寸可达 85mm×25mm。当用焊枪切割试样时有几十个小泡连续分布可见泡的凸度因受热而明显增高，说明泡内有气体存在，将凸泡刺破撕去表层，其下表面呈白色。图 6-4 为表面检测系统在线采集到的表面夹杂样本图像。

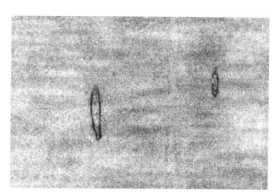

图 6-4 表面夹杂

（3）气泡（皮下气泡）。隐藏在铸坯表皮下面的一种针状空眼，在清理表面时可发现。局部的皮下气泡往往与皮下夹杂及偏析伴生，存在于结疤、重皮下面。缺陷一般出现在钢板的上表面，下表面基本没有。缺陷在钢板 2/3 宽度乃至整个宽度范围内，沿着轧制方向大面积地连续分布，其尺寸、深度不尽一致。图 6-5 为表面检测系统在线采集到的气泡样本图像。

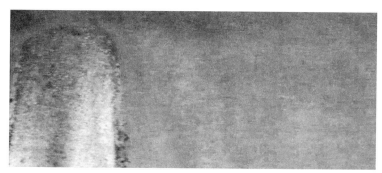

图 6-5 气泡

（4）重皮。在板坯表面，大致成横向的一种很不规则的氧化层，或若干氧化层表皮的重叠。轻微的呈连续的波皱纹，严重的像板坯外面有一层金属薄壳。图 6-6 为表面检测系统在线采集到的重皮样本图像。

图 6-6 重皮

（5）结疤。钢板表面上有本体黏合一头或不黏合的金属层，一般呈舌状，厚薄不均，大小不一。图 6-7 为表面检测系统在线采集到的结疤样本图像。

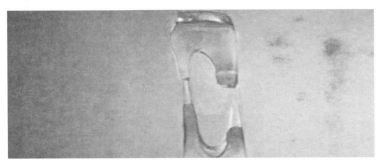

图 6-7　结疤

6.1.2　轧制缺陷

（1）麻点。钢板表面上有粗糙面或黑点状斑迹，呈条状、点状、块状，有局部或连续的成片分布着大小不同的凹坑，个别的呈黑色麻斑。成品钢板的表面呈局部的或连续的片状粗糙，并分布为形状不一、大小不同的凹坑，即麻点。麻点及分类：分为黑面麻点和光面麻点，上表面麻点和下表面麻点。图 6-8 为表面检测系统在线采集到的麻点样本图像。

图 6-8　麻点

（2）压入氧化铁皮。热轧氧化铁皮被压入钢板表面，呈鱼鳞状、条状或点状的黑色斑迹。其分布面积大小不等，压下的深浅也不一致。图 6-9 为表面检测系统在线采集到的压入氧化铁皮样本图像。

图 6-9　压入氧化铁皮

（3）划伤（划痕）。钢板表面呈现直而细的沟道。有可见的深度，深浅不一。根据平行或垂直于轧制方向，可分为纵向划伤和横向划伤；根据划伤的颜色可分为氧化色划伤和金属光泽色划伤。图 6-10 为表面检测系统在线采集到的划伤样本图像。

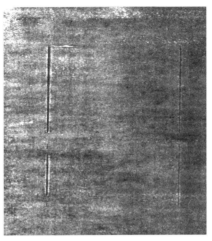

图 6-10　划伤

（4）压痕。在钢板上表面出现零散不规则的深凹或凹坑。一般深度超过标准规定，应在剪切时切去。图 6-11 为表面检测系统在线采集到的压痕样本图像。

图 6-11　压痕

（5）折叠。在钢板的上下表面出现大小和形状各不相同的金属物压入，一般不易脱落。图 6-12 为表面检测系统在线采集到的折叠样本图像。

图 6-12　折叠

6.1.3　中厚板表面缺陷特征分析

经过对中厚板表面缺陷进行深入分析，各种缺陷具有的特征见表 6-1。

表 6-1　中厚板表面缺陷特征分析

特　征	表　现	缺　陷　类　型
深度和高度	二维缺陷（无深度和高度）；	夹杂、压入氧化铁皮；
	三维缺陷（有深度和高度）	裂纹、麻点、划伤、压痕、凸泡
颜色	暗红色；	压入氧化铁皮、麻点、裂纹、夹杂；
	灰蓝色；	折叠、气泡、结疤、轧辊网纹；
	浅白色；	夹杂；
	金属色	划伤（矫直机后工序）、压痕
形状	直线状；	横向划伤、纵向划伤；
	裂纹状；	横向裂纹、纵向裂纹；
	网状；	星状裂纹、轧辊网纹；
	不规则形状	压痕、折叠、重皮、结疤、气泡、夹杂
分布形式	点状分布；	麻点、压入氧化铁皮；
	周期性分布	轧辊网纹、凸泡

此外，一些属于板形方面的缺陷，如：波浪、瓢曲等，以及头尾部及边部的缺陷，如舌头、鱼尾、镰刀弯、头尾部和边部折叠、双鼓形等，从严格意义上说不属于表面缺陷，因此不作为本文的研究内容。

中厚板表面缺陷大多属于三维缺陷，国标中对于热轧板带表面缺陷的深度和高度有明确规定，国标对于碳素机构钢和低合金机构钢热轧钢带要求[3]："钢带表面不得有气泡、结疤、裂纹折叠和夹杂，钢带不得有分层，其他表面缺陷允许存在，但深度和高度不得大于厚度的负偏差之半"。对于压力容器、锅炉用和船板用钢板等其他钢板的表面质量要求也基本相同。因此，根据国标的规定，深度和高度不超过钢板厚度的负偏差之半的表面缺陷是允许存在的，或者经过修磨可以交货的。但是，目前的钢板表面缺陷图像检测和识别技术只能进行二维图像识别，对于三维图像识别，尤其是识别其深度和高度非常困难。

6.2　中厚板表面裂纹检测算法

6.2.1　中厚板表面裂纹基本类型及特征

中厚板表面裂纹的主要类型有横向裂纹、纵向裂纹和星状裂纹三类，图 6-13、图 6-14和图 6-15 分别为这三类裂纹缺陷的样本图像。由图 6-13、图 6-14 和图 6-15 可以看出，CCD 摄像机采集到的中厚板表面图像有背景噪声大、光照不均现象明显，而且还存在着大量的氧化铁皮，容易对检测算法造成干扰。但是这些表面裂纹缺陷的形状特征比较明显，基本都是呈线状，在钢板的纵向或横向上分布，或呈网状分布，这些特征与氧化铁皮或其他缺陷的特征均存在着明显的差异。因此，利用表面裂纹形状上的特征，通过形态滤波方法就可以将这些缺陷有效地检测出来。

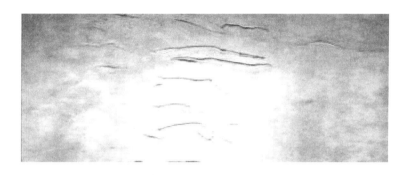

图 6-13 横向裂纹

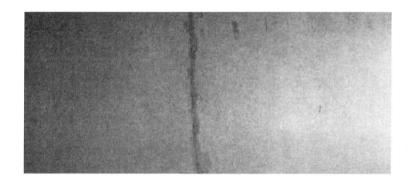

图 6-14 纵向裂纹

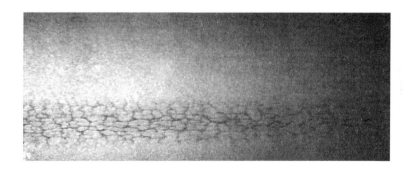

图 6-15 星状裂纹

6.2.2 形态滤波介绍

数学形态变换一般分为二值形态变换和多值形态变换,包括腐蚀(erosion)、膨胀(dilation)、形态开(opening)、形态闭(closing),以及形态开、闭的级联组合。数学形态学有 2 种基本的形态学运算:腐蚀和膨胀。利用结构元素 g(也是一个信号)对信号的 f 的腐蚀定义为:

$$(f \ominus g)(x) = \max\{y : g_x + y \ll f\} \qquad (6\text{-}1)$$

f 被 g 膨胀可定义为：

$$(f \oplus g)(x) = \min\{y : (g^\wedge)_x + y \gg f\} \qquad (6\text{-}2)$$

f 关于 g 的开运算和闭运算分别为：

$$f \circ g = (f \ominus g) \oplus g \qquad (6\text{-}3)$$

$$f \cdot g = (f \oplus g) \ominus g \qquad (6\text{-}4)$$

从上述定义不难看出，离散形式的腐蚀和膨胀运算等价于离散函数在滑动滤波窗（相当于结构元素）内的最小值和最大值滤波。一般情况下，腐蚀运算减小了信号的峰值，加宽了谷域；而膨胀运算增大了信号的谷值，扩展了峰顶。形态开、闭运算由腐蚀和膨胀运算按不同的顺序联构成的，它们是函数的复合极值运算。通常开、闭运算用于构成各种形态滤波器，而它们本身就是最基本的形态滤波器。

另外，形态学的常见运算还有骨架抽取、极限腐蚀、击中击不中变换、形态学梯度、Top-Hat 变换、颗粒分析、流域变换等。这些变换在图像处理中都有广泛的应用。

6.2.3　基于 Top-Hat 的裂纹检测算法

Top-Hat 变换是一种常用的形态学算子，其定义为[4]：

$$\text{HAT}(f) = f - (f \circ g) \qquad (6\text{-}5)$$

式中，f 为结构元素；g 为信号。将 Top-Hat 变换与阈值处理方法相结合，可用来对图像作二值化处理，得到的二值图像可进一步利用形态学方法作处理。

以横向裂纹为例进行分析，从图 6-13 中可以看出，横向裂纹是沿图像横向分布的，在裂纹的纵向上存在着灰度差异，因此应该选择纵向的扁平结构元素。选取结构元素：

$$b = \begin{matrix} 1 \\ < 1 > \\ 1 \end{matrix} \qquad (6\text{-}6)$$

对图 6-13 所示图像进行 Top-Hat 变换，得到的结果如图 6-16 所示。

图 6-16　Top-Hat 变换后的结果

对图 6-16 所示图像进行阈值处理，取阈值为 20，得到图 6-17。

由图 6-17 可以看到，图像中基本只保留了由裂纹缺陷所形成的线条，说明 Top-Hat 变换能够有效地去除噪声及光照不均的影响。理想的情况应该是每个缺陷所在的像素之间都是互相连通的，但是图 6-17 中的某些线条中间存在着一些断点。需要通过膨胀运算将断

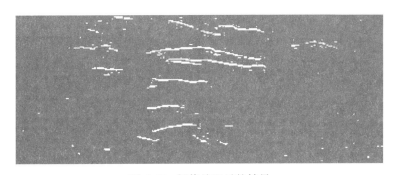

图 6-17　阈值处理后的结果

开的点连接起来，由于横向裂纹在图像上是横向分布，因此需要在横向上将存在断点的线条连续起来，因此选取结构元素：

$$b = 1 \quad <1> \quad 1 \tag{6-7}$$

对图像进行膨胀运算，得到如图 6-18 所示的图像。

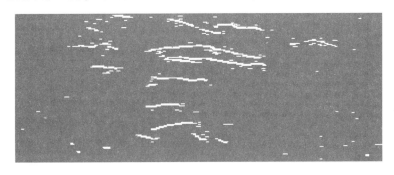

图 6-18　膨胀变换后的结果

经膨胀变换后，一些断开的线条基本连接起来。在图 6-18 中寻找连通区域，并通过设定连通区域的宽度，把宽度小于 10 的连通区域去除掉，得到图 6-19。由图 6-19 可以看到，图 6-18 中存在着少量的噪声干扰已经去除掉，图 6-19 中的线条基本由裂纹缺陷所形成，因此最终准确地检测到缺陷。

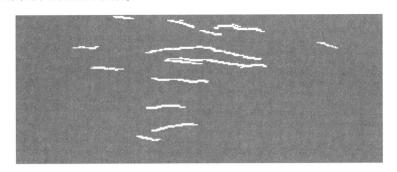

图 6-19　连通区域搜索后的结果

纵向裂纹、星状裂纹也可以采用这种算法加以检测，检测过程不再细述。需要注意的是纵向裂纹是沿图像纵向分布的，在进行 Top-Hat 变换时，应该选择式（6-7）所示的结构元素，在膨胀变换时应该选择式（6-6）所示的结构元素。星状裂纹呈星形分布，在图像的纵向与横向上都有，但在横向上分布得多一些，因此在进行 Top-Hat 变换时选取如下的结构元素：

$$b = \begin{matrix} 1 & 1 & 1 \\ 1 & 1 & 1 \\ 1 & <1> & 1 \\ 1 & 1 & 1 \\ 1 & 1 & 1 \end{matrix} \tag{6-8}$$

在 Top-Hat 变换并经阈值处理后，如果进行膨胀变换容易将星状裂纹与一些噪声点连接起来，影响检测效果，因此不再进行膨胀变换，直接搜索连通区域。

纵向裂纹的检测结果如图 6-20 所示，星状裂纹的检测结果如图 6-21 所示。可以看到，纵向裂纹的检测效果非常好，而星状裂纹则只检测到了一部分，对比度低的一部分则没有检测到。这也说明了对比度低的缺陷目前检测效果还不是很理想。

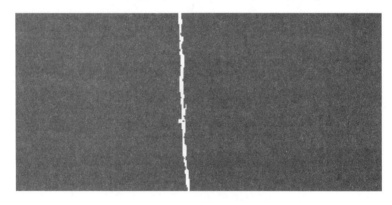

图 6-20　纵向裂纹的检测结果

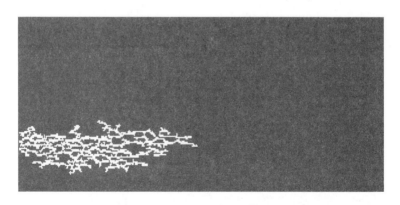

图 6-21　星状裂纹的检测结果

表面裂纹缺陷是中厚板表面最为常见的一种缺陷类型，也是影响中厚板表面质量最为严重的一种缺陷类型。但是由于中厚板表面图像噪声干扰大，表面裂纹缺陷的检测往往会很困难，尤其细小的裂纹以及比较浅的裂纹，它与背景的对比度低，并且很容易被氧化铁皮掩盖。因此表面裂纹的检测是中厚板表面缺陷自动检测算法中最为关键的，同时也是最难的部分。

　　形态滤波方法利用了检测目标的形态特征，这对于表面裂纹缺陷的检测极为有用，因为表面裂纹虽然有各种不同的形状，但基本形状都是狭长的细线，根据表面裂纹的不同形状可选用不同的结构单元，从而去除图像中氧化铁皮及其他噪声的影响。在系统的实际使用过程中发现，采用形态滤波方法不仅对于提取表面裂纹缺陷极为有效，而且运算速度快，可用于实时处理，满足在线检测的要求。

6.3　中厚板表面图像的幅值谱分析

6.3.1　图像的幅值谱

　　如果二维函数 $f(x, y)$ 满足狄里赫莱条件，那么将有下面二维傅里叶变换对存在：

$$F(u, v) = \sum_{x=0}^{N-1} \sum_{y=0}^{N-1} f(x, y) \exp[-j2\pi(\mu x + \nu y)/n] \tag{6-9}$$

$$\mu = 0, 1, \cdots, N-1; \quad \nu = 0, 1, \cdots, N-1$$

　　与一维傅里叶变换类似，二维傅里叶变换的幅值谱和相位谱如下式：

$$|F(\mu, \nu)| = \sqrt{R^2(\mu, \nu) + I^2(\mu, \nu)} \tag{6-10}$$

$$\phi(\mu, \nu) = \arctan \frac{I(\mu, \nu)}{R(\mu, \nu)} \tag{6-11}$$

$$E(\mu, \nu) = R^2(\mu, \nu) + I^2(\mu, \nu) \tag{6-12}$$

式中，$F(\mu, \nu)$ 是幅值谱；$\phi(\mu, \nu)$ 是相位谱；$E(\mu, \nu)$ 是能量谱。

　　傅里叶变换与特征提取相关的性质如下：

　　（1）旋转性。如果空间域函数旋转的角度为 θ_0，那么在变换域中此函数的傅里叶变换也旋转同样的角度，即：

$$f(f, \theta + \theta_0) \Leftrightarrow F(k, \phi + \theta_0) \tag{6-13}$$

　　（2）比例不变性。如果 $F(\mu, \nu)$ 是 $f(x, y)$ 的傅里叶变换，a 和 b 分别为两个标量，那么：

$$af(x, y) \Leftrightarrow aF(\mu, \nu) \tag{6-14}$$

$$f(ax, by) \Leftrightarrow \frac{1}{|ab|} F\left(\frac{\mu}{a}, \frac{\nu}{b}\right) \tag{6-15}$$

　　可以看出，对于尺度变化，傅里叶变换在幅值和尺度上作相应变化。

　　（3）平移不变性。如果 $F(\mu, \nu)$ 是 $f(x, y)$ 的傅里叶变换，a 和 b 分别为两个平移标量，那么：

$$f(x-a, y-b) \Leftrightarrow F(\mu, \nu) \cdot \exp[-j2\pi(\mu a + \nu b)] \tag{6-16}$$

从上式可以看出傅里叶变换具有平移不变性。

6.3.2　幅值谱的能量分析

　　幅值谱的能量谱是经 FFT 变换后得到的幅值谱图像的各点灰度值平方之和，如公式（6-17）所示，式中 $p(r, \theta)$ 表示点 (r, θ) 的灰度值，$E(R)$ 表示点 (r, θ) 幅值谱的能量谱。

$$E(R) = \sum_{r=R}^{R+1} \sum_{\theta=0}^{\pi} p\,(r,\,\theta)^2 \tag{6-17}$$

以 FFT 变换得到的幅值谱中心为圆心，以 r 为半径，如图 6-22 所示圆周上各点来画能量谱，横坐标表示半径 r，纵坐标表示能量，同时又对能量进行了归一化到了 $0\sim255$，能量谱绘制如图 6-23 所示。

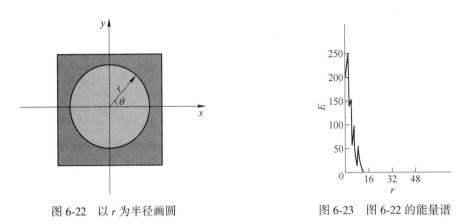

图 6-22 以 r 为半径画圆   图 6-23 图 6-22 的能量谱

图 6-24 是裂纹、麻点、划伤、结疤、网纹等 5 种缺陷的原始图像，对图 6-24 所示图像进行 FFT 变换，得到的幅值谱如图 6-25 所示。计算图 6-25 所示幅值谱的能量谱，得到的能量谱图如图 6-26 所示。通过图 6-26 可以看出：缺陷图像的幅值谱能量基本集中在低频部分，高频部分的能量基本为 0。

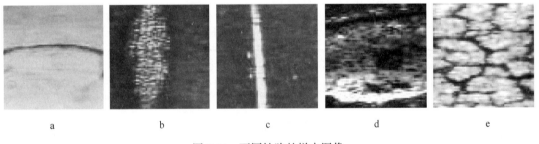

图 6-24 不同缺陷的样本图像

a—裂纹；b—麻点；c—划伤；d—结疤；e—网纹

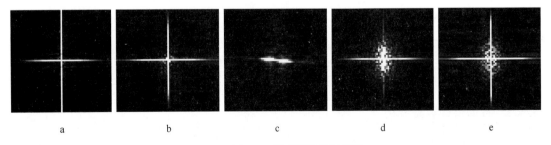

图 6-25 图 6-24 所示图像的幅值谱

a—裂纹；b—麻点；c—划伤；d—结疤；e—网纹

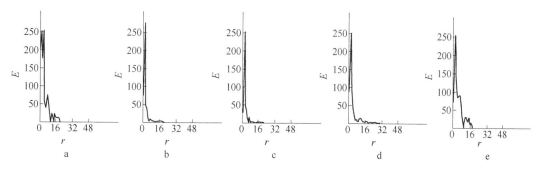

图 6-26 图 6-25 所示幅值谱的能量谱图

a—裂纹；b—麻点；c—划伤；d—结疤；e—网纹

6.3.3 幅值谱特征提取的特性

（1）可区分性。可区分性表现在对于属于不同类别的对象来说，它们的特征值应具有明显的差异，并且对于同一类别的对象来说，其特征值应比较接近。下面将通过中厚板表面图像说明幅值谱对于不同缺陷的可区分性。例子中选用了不同的光照不均、划伤、裂纹、麻点等图像，其中光照不均不作为缺陷图像，而是作为无缺陷的例子。

图 6-27 是四幅不同的光照不均图像，对图 6-27 中各幅图像进行 FFT 变换，得到的幅值谱图像如图 6-28 所示。从图 6-28 可以看到，不同光照不均图像的幅值谱比较接近。图 6-29 是四幅不同的划伤缺陷图像，对图 6-29 中各幅图像进行 FFT 变换，得到的幅值谱图像如图 6-30 所示。从图 6-30 可以看到，不同划伤图像的幅值谱虽然存在着角度上的差异，但是其几何特征基本一致。图 6-31 是四幅不同的裂纹缺陷图像，对图 6-31 中各幅图像进行 FFT 变换，得到的幅值谱图像如图 6-32 所示。从图 6-32 可以看到，不同裂纹图像的幅

图 6-27 光照不均样本图像

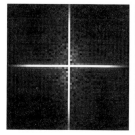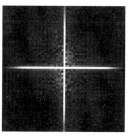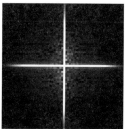

图 6-28 光照不均样本图像的幅值谱

值谱虽然存在着角度上的差异，但是其几何特征基本一致。图 6-33 是四幅不同的麻点缺陷图像，对图 6-33 中各幅图像进行 FFT 变换，得到的幅值谱图像如图 6-34 所示。从图6-34 可以看到，不同麻点图像的幅值谱也较为接近。比较图 6-28、图 6-30、图 6-32、图6-34 可以看到，不同缺陷或无缺陷图像之间的幅值谱存在着较大的差异，符合前面说的可区分性的特点。因此可以通过中厚板表面图像的幅值谱进行特征提取，得到的特征量可以用来识别各种中厚板表面缺陷。

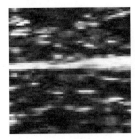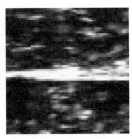

图 6-29　划伤样本图像

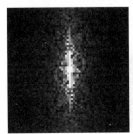

图 6-30　划伤样本图像的幅值谱

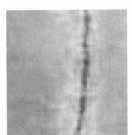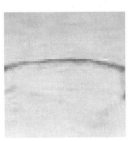

图 6-31　裂纹样本图像

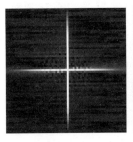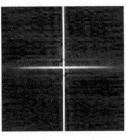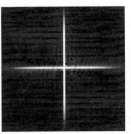

图 6-32　裂纹样本图像的幅值谱

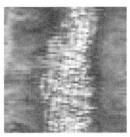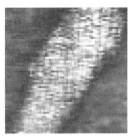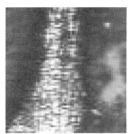

图 6-33 麻点样本图像

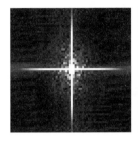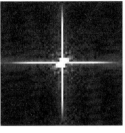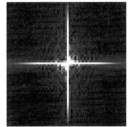

图 6-34 麻点样本图像的幅值谱

（2）抗噪性。在中厚板的表面图像中会存在着大量的噪声，这些噪声可能是由于光学成像过程造成的，也可能由于中厚板表面的各种杂质颗粒造成。在进行缺陷识别过程中，需要减少由于噪声所造成的影响，因此在提取特征时，要考虑特征量的抗噪性。

在划伤缺陷图像中，存在着大量的噪声。从幅值谱图像中可以发现，幅值谱在中心线（水平方向或垂直方向）有一条亮带，这是由于划伤缺陷造成的，但在亮线的附近，分布着一些亮点，这些亮点是由于噪声所造成的。噪声基本上分布在中高频部分，在幅值谱图中，这些噪声对于由缺陷形成的亮带造成的影响很小，幅值谱图中能量的分布情况所呈现的形状基本一致。因此，通过幅值谱进行特征提取具有抗噪性。

（3）抑制光照不均影响。一般图像都是由光源产生的照度场 $i(x, y)$ 和目标的反射场 $r(x, y)$ 共同作用下产生的，两者的关系如下：

$$f(x, y) = i(x, y) \times r(x, y) \tag{6-18}$$

对式（6-18）两边取对数，得：

$$\ln f(x, y) = \ln i(x, y) + \ln r(x, y) = i'(x, y) + r'(x, y) \tag{6-19}$$

对式（6-18）两边进行傅里叶变换，得：

$$F(\ln f(x, y)) = F(i'(x, y)) + F(r'(x, y)) \tag{6-20}$$

因此，图像的幅值谱中包含了两部分的能量，一部分是由照度场 $i(x, y)$ 造成的，一部分是由反射场 $r(x, y)$ 造成的。照度场的幅值谱能量主要集中在低频段，而反射场的能量主要集中在中高频段。在中厚板表面检测系统中，采用了发光均匀的频闪氙灯，并且氙灯距离钢板表面很远，因此照度场的能量应该比较均匀一致。反射场的变化一部分是由于钢板表面缺陷造成的，另外一部分是由于噪声或钢板反射角的变化造成的，这是造成中厚板表面图像光照不均的主要原因。而反射场的能量主要集中在中高频段，对低频部分的影响很小。

图 6-35 是几种不同的光照不均样本图像，图 6-36 是图 6-35 所示图像的幅值谱，图 6-37 是图 6-36 所示幅值谱的能量谱图。由图 6-37 可以看到，幅值谱的能量主要集中在低频段，中高频段的能量迅速减为 0。此外，不同光照不均图像的幅值谱图能量分布基本一致。因此，通过幅值谱提取特征可以抑制光照不均现象。

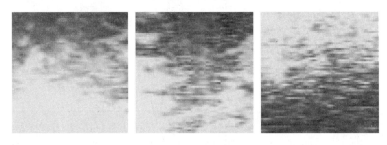

图 6-35   不同光照不均样本图像

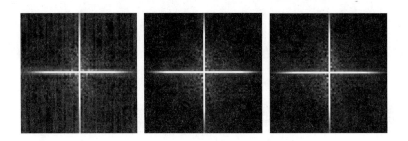

图 6-36   图 6-35 所示图像的幅值谱

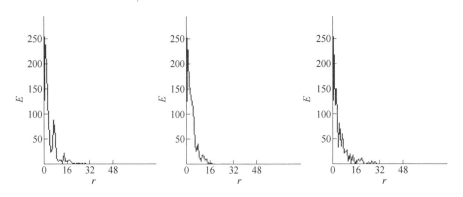

图 6-37   图 6-36 所示幅值谱的能量谱图

6.3.4   图像的不变矩及其特性

不变矩[5]（简称 Moment Invariant）是由 M. K. Hu 在 1962 年提出的连续函数矩，自从 Hu 将不变矩用于提取待识别图像的特征以来，不变矩广泛地被应用于模式识别领域[6]。作为一种统计特征提取方法，不变矩除了具有位移、尺度、旋转的不变性外，还具有如下几点突出的特征：不论图像有多么相似，一定阶数的矩特征能够唯一地描述各种图像，一定阶数的某些不变矩不仅能反映图像的全局特征，而且能表示其局部细节信息。

直接用普通矩或中心矩选择特征，则特征值不能同时满足平移、旋转和比例不变性，事实上，如果仅用中心矩选择特征，则特征值仅具有平移不变性；如果利用归一化中心矩，则特征值不仅具有平移不变性，而且还具有比例不变性，利用某些线性组合，可以达到图像特征的平移、旋转和比例不变性。

1962 年，M. K. Hu 利用二阶和三阶中心矩构造了七个不变矩，具体表达式如下：

$$M_1 = \eta_{20} + \eta_{02} \tag{6-21}$$

$$M_2 = (\eta_{20} - \eta_{02})^2 + 4\eta_{11}^2 \tag{6-22}$$

$$M_3 = (\eta_{30} - 3\eta_{12})^2 + (3\eta_{21} - \eta_{03})^2 \tag{6-23}$$

$$M_4 = (\eta_{30} + \eta_{12})^2 + (\eta_{21} + \eta_{03})^2 \tag{6-24}$$

$$M_5 = (\eta_{30} - 3\eta_{12})(\eta_{30} + \eta_{12})[(\eta_{30} + \eta_{12})^2 - 3(\eta_{21} + \eta_{03})^2] + \\ (3\eta_{21} - \eta_{03})(\eta_{21} + \eta_{03})[3(\eta_{30} + \eta_{12})^2 - (\eta_{21} + \eta_{03})^2] \tag{6-25}$$

$$M_6 = (\eta_{20} - \eta_{02})[(\eta_{30} + \eta_{12})^2 - (\eta_{21} + \eta_{03})^2] + \\ 4\eta_{11}(\eta_{30} + \eta_{12})(\eta_{21} + \eta_{03}) \tag{6-26}$$

$$M_7 = (3\eta_{21} - \eta_{03})(\eta_{30} + \eta_{12})[(\eta_{30} + \eta_{12})^2 - 3(\eta_{21} + \eta_{03})^2] + \\ (\eta_{30} - 3\eta_{12})(\eta_{21} + \eta_{03})[3(\eta_{30} + \eta_{12})^2 - (\eta_{21} + \eta_{03})^2] \tag{6-27}$$

由于七个不变矩变化比较大，而且有正负之分，本文做了如下变换，先对不变矩求绝对值之后求对数，进行数据压缩，为了便于比较大小，又做了一次求绝对值，变换如下所示：

$$M_k = |\lg|M_k||/n \tag{6-28}$$

式中，$k = 1, 2, \cdots, 7$；$n = 100$ 是一个比例因子，目的是为了使七个不变矩进行归一化，便于分类器的分类和识别，同时易于提高分类器的识别率。

不变矩对图像的目标区域具有良好的比例、旋转、平移不变性，可以很好地描述目标图像。但是，不变矩的 M_3-M_7 都是高阶矩（三阶中心矩），对噪声特别敏感，同时受光照不均的影响比较大。下面将结合中厚板表面图像来说明不变矩的这些特点。

（1）比例不变性。图 6-38a 是结疤缺陷的样本图像，图 6-38b、图 6-38c、图 6-38d 分别是图 6-38a 放大 1.5、2.0、2.5 倍的图像，分别对图 6-38 的各幅图像求不变矩，结果见表 6-2。通过表 6-2 可以发现，各幅图像的各个不变矩值相差很小，因此不变矩具有良好的比例不变性。

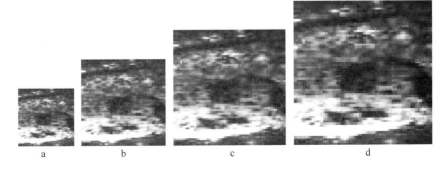

图 6-38 不同比例的结疤样本图像

表 6-2　图 6-38 所示图像的不变矩

图　像	M_1	M_2	M_3	M_4	M_5	M_6	M_7
图 6-38a	0.0280	0.0822	0.1031	0.1015	0.2161	0.1447	0.2037
图 6-38b	0.0280	0.0825	0.1031	0.1013	0.2143	0.1451	0.2036
图 6-38c	0.0280	0.0822	0.1031	0.1015	0.2139	0.1447	0.2038
图 6-38d	0.0280	0.0825	0.1031	0.1014	0.2152	0.1450	0.2036
均方差	0	0.00015	0	0.00008	0.0009	0.00018	0.00008

（2）旋转不变性。图 6-39a 是氧化铁皮样本图像，图 6-39b、图 6-39c、图 6-39d 分别是图 6-39a 旋转 90°、180°、270°后的图像。分别对图 6-39 中的各幅图像求不变矩，得到的结果表 6-3。由表 6-3 看出，各幅图像的各个不变矩值几乎相等，因此不变矩具有良好的旋转不变性。

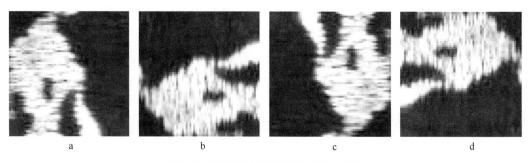

图 6-39　不同角度的氧化铁皮样本图像

表 6-3　图 6-39 所示图像的不变矩

图　像	M_1	M_2	M_3	M_4	M_5	M_6	M_7
图 6-39a	0.0223	0.0519	0.1040	0.1000	0.2059	0.1286	0.2023
图 6-39b	0.0223	0.0519	0.1040	0.1001	0.2059	0.1286	0.2027
图 6-39c	0.0223	0.0519	0.1040	0.1000	0.2059	0.1286	0.2025
图 6-39d	0.0223	0.0519	0.1040	0.1000	0.2059	0.1286	0.2023
均方差	0	0	0	0.00004	0	0	0.00017

（3）平移不变性。图 6-40a 是裂纹样本图像，图 6-40b、图 6-40c、图 6-40d 分别是图 6-40a 平移后的图像。分别对图 6-40 中的各幅图像求不变矩，得到的结果见表 6-4。由表 6-4 可以发现，各幅图像的各个不变矩值几乎一样，因此不变矩具有良好的平移不变性。

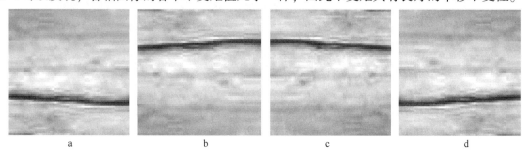

图 6-40　不同平移后的裂纹样本图像

表 6-4 图 6-40 所示图像的不变矩

图像	M_1	M_2	M_3	M_4	M_5	M_6	M_7
图 6-40a	0.0315	0.1085	0.1347	0.1406	0.2797	0.1974	0.2798
图 6-40b	0.0315	0.1086	0.1345	0.1408	0.2801	0.1977	0.2798
图 6-40c	0.0315	0.1086	0.1345	0.1408	0.2801	0.1977	0.2798
图 6-40d	0.0315	0.1086	0.1345	0.1408	0.2801	0.1977	0.2798
均方差	0	0.00004	0.00009	0.00009	0.00017	0.00013	0

（4）对噪声敏感。图 6-41 是四幅不同背景噪声的划伤图像，分别对这些图像求不变矩，得到的结果见表 6-5。

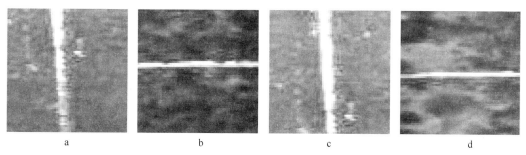

a   b   c   d

图 6-41 不同背景噪声的划伤图像

表 6-5 图 6-41 所示图像的不变矩

图像	M_1	M_2	M_3	M_4	M_5	M_6	M_7
图 6-41a	0.0282	0.0930	0.1230	0.1197	0.2471	0.1632	0.2317
图 6-41b	0.0274	0.0852	0.1144	0.1016	0.2269	0.1779	0.2255
图 6-41c	0.0287	0.0892	0.1165	0.1150	0.2319	0.1610	0.2373
图 6-41d	0.0291	0.0871	0.1274	0.1298	0.2559	0.1843	0.2579
均方差	0.00063	0.00290	0.00517	0.01014	0.01161	0.00980	0.01217

从表 6-5 可以看出，各幅图像之间的 $M_3 \sim M_7$ 值差别较大，因此可知，不变矩对噪声比较敏感。

（5）受光照不均影响。图 6-42 是四幅不同光照条件下的裂纹图像，分别对这些图像求不变矩，得到的结果见表 6-6。从表 6-6 可以看出，各幅图像之间的 $M_3 \sim M_7$ 值差别较大，因此可知，不变矩受光照不均影响。

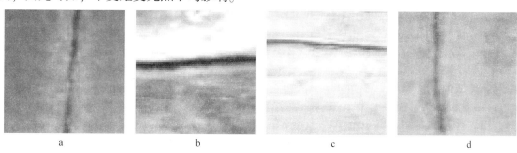

a   b   c   d

图 6-42 不同光照条件下的裂纹图像

表 6-6 图 6-42 所示图像的不变矩

图　像	M_1	M_2	M_3	M_4	M_5	M_6	M_7
图 6-42a	0.0315	0.1085	0.1347	0.1406	0.2797	0.1974	0.2798
图 6-42b	0.0308	0.1018	0.1165	0.1166	0.2333	0.1664	0.2309
图 6-42c	0.0294	0.1021	0.1250	0.1247	0.2499	0.1812	0.2533
图 6-42d	0.0299	0.1025	0.1254	0.1403	0.2647	0.1858	0.2583
均方差	0.0008	0.00277	0.00644	0.01031	0.01722	0.01111	0.01738

6.4　试验

6.4.1　样本采集

从济钢中厚板厂进行现场在线采样，共收集了 478 幅热轧中厚板表面缺陷图像，图像大小为 64×64，这些图像可分为以下几个类型：划伤、裂纹、氧化铁皮、结疤、网纹、光照不均、麻点，其中光照不均作为无缺陷情况，氧化铁皮作为伪缺陷情况，这两种均不属于缺陷类型，而其他几种都是缺陷类型。将其中的 236 幅图像作为训练样本，其余 242 幅图像作为测试样本。采用前面介绍的幅值谱不变矩特征提取方法，即先对每幅 64×64 大小的图像进行傅里叶变换，然后对得到的幅值谱计算不变矩，将得到的不变矩作为特征量输入给分类器，分类器的输入神经元数为 7。

6.4.2　试验结果

表 6-7 是基于 BP 网络的分类器的训练结果，表 6-8 是基于 LVQ1 网络的分类器的训练结果，表 6-9 是基于 LVQ2 网络的分类器的训练结果，表 6-10 是基于 BP 网络的分类器的识别结果，表 6-11 是基于 LVQ1 网络的分类器的识别结果，表 6-12 是基于 LVQ2 网络的分类器的识别结果。

表 6-7～表 6-12 的结果表明：这三种分类器中，基于 BP 网络的分类器的分类效果最差，基于 LVQ1 网络的分类器的分类效果虽然比 BP 网络有了提高，但也不是很好，基于 LVQ2 网络的分类器的分类效果最好。原因分析如下：BP 算法的学习过程易陷入局部极小点，而 LVQ1 在学习过程中易产生振荡，因此影响了分类器的分类效果[7,8]。而 LVQ2 利用了一个窗函数，使训练后的参考向量向输入样本更加靠近，从而使得识别率和鲁棒性都得到了很大的提高[9,10]。这一结果同时也表明了在采样与特征提取都相同的条件下，采用性能更好的分类器有助于提高缺陷的识别率。

表 6-7～表 6-12 的结果还表明：无论采用哪种分类器，裂纹、划伤、麻点的识别率都不是很理想。这是由于裂纹与划伤在几何特征上非常相似，而麻点的形状特征不是很明显，可以有不同的外观形态，这就造成了对这些缺陷进行准确识别的难度，而这个问题很难通过提高分类器性能解决，只能通过其他的采样方法及特征提取方法得以解决。

虽然基于 LVQ2 网络的分类取得了很好的分类效果，总体识别率达到了 87.2%，但是由于 LVQ2 算法的聚类速度不是太快，存在神经元未被充分利用以及算法对初值敏感的问题，希望今后能够开发出聚类速度更快并且鲁棒性更好的分类器。

表 6-7　基于 BP 网络分类器的训练结果

缺陷类型	样本数	正确个数	识别率/%
光照不均	41	35	85.4
划伤	36	32	88.9
氧化铁皮	40	34	85.0
结疤	11	11	100
网纹	33	27	81.2
裂纹	57	43	75.4
麻点	18	18	100
合　计	236	190	80.5

表 6-8　基于 LVQ1 网络分类器的训练结果

缺陷类型	样本数	正确个数	识别率/%
光照不均	41	39	95.1
划伤	36	34	94.4
氧化铁皮	40	38	95
结疤	11	11	100
网纹	33	31	93.9
裂纹	57	47	82.3
麻点	18	18	100
合　计	236	218	92.4

表 6-9　基于 LVQ2 网络分类器的训练结果

缺陷类型	样本数	正确个数	识别率/%
光照不均	41	40	97.6
划伤	36	35	97.2
氧化铁皮	40	38	95
结疤	11	11	100
网纹	33	33	100
裂纹	57	52	91.2
麻点	18	18	100
合　计	236	227	96.2

表 6-10　基于 BP 网络分类器的识别结果

缺陷类型	样本数	正确个数	识别率/%
光照不均	41	31	75.6
划伤	34	23	67.6
氧化铁皮	40	27	67.5
结疤	11	8	72.7
网纹	33	25	75.8
裂纹	57	41	71.9
麻点	26	18	69.3
合　计	242	173	71.5

表 6-11　基于 LVQ1 网络分类器的识别结果

缺陷类型	样本数	正确个数	识别率/%
光照不均	41	35	85.4
划伤	34	29	85.3
氧化铁皮	40	29	82.5
结疤	11	9	81.8
网纹	33	28	84.8
裂纹	57	44	77.2
麻点	26	20	76.9
合　计	242	198	81.8

表 6-12　基于 LVQ2 网络分类器的识别结果

缺陷类型	样本数	正确个数	识别率/%
光照不均	41	37	90.2
划伤	34	29	85.3
氧化铁皮	40	35	87.5
结疤	11	11	100
网纹	33	31	93.9
裂纹	57	46	80.7
麻点	26	22	84.6
合　计	242	211	87.2

参 考 文 献

[1] 蔡开科. 连铸裂纹控制 [C]. 板坯连铸技术研讨会论文汇编, 2003, 4: 2~13.

[2] 蔡开科. 连铸坯裂纹 [J]. 北京科技大学学报, 1993, 15 (5): 101~104.

[3] 国家技术监督局. 碳素结构钢和低合金结构钢热轧钢带 (GB/3524—92) [S]. 中华人民共和国国家标准, 北京, 1993.

[4] 杨立瑞. 工程图处理的多结构元形态滤波及图形多层次理解的原理和实现 [D]. 武汉: 华中理工大学, 1995.

[5] 吕凤军. 数字图像处理编程入门 [M]. 北京: 清华大学出版社, 1999.

[6] 阮秋琦. 数字图像处理学 [M]. 北京: 电子工业出版社, 2001.

[7] Pal N R, Bezdek J C, ECK sao T. Generalized clustering networks and Kohonen's self organizing scheme [J]. IEEE Trans. on Neural Networks, 1993, 4 (4): 549~558.

[8] Gonzalez A Z, Grana M, Anjar A D. An analysis of the GLVQ algorithm [J]. IEEE Trans. on Neural Networks, 1995, 6 (4): 1012~1016.

[9] Karayiannis N B, Bezdek J C, Pal N R, et al. Repair to GLVQ: a new family of competitive learning schemes [J]. IEEE Trans. on Neural Networks, 1996, 7 (5): 1062~1071.

[10] Bezdek J C, PalN R. Two soft relatives of learning vector quantization [J]. Neural Networks, 1995, 8 (5): 729~743.

7 铸坯表面在线检测系统

连铸坯的生产是钢材生产线的关键，铸坯质量直接影响后续板带质量，因此严格监控铸坯表面质量非常重要。目前，铸坯表面质量主要依靠人工离线检查，不仅劳动强度大、生产效率低，而且无法对缺陷进行及时反馈。

在考虑对铸坯表面缺陷进行自动检测时，由于铸坯表面温度高达1000℃左右，在这种温度下检测，既不能采用耦合剂，也不能采用接触检测方式[1]，因此，传统的涡流、超声波方法无法应用[2]；而基于CCD摄像的机器视觉检测技术具有非接触、响应快等优点，配备专门设计的冷却系统，可在高温环境中稳定工作[3]。本章将介绍基于机器视觉的高温铸坯表面缺陷在线检测系统，系统首先通过特殊设计的绿色激光线光源和高分辨率线阵CCD摄像机获取清晰的高温铸坯表面图像；然后用多尺度几何分析对图像进行分解，提取分解后图像的统计值作为特征量，并进行降维；最后将降维后的特征量输入支持向量机分类器进行学习，从而实现连铸坯表面缺陷的自动分类。

7.1 铸坯表面检测系统的设计

高温铸坯表面缺陷在线检测系统主要由图像采集装置和处理系统组成。图像采集装置包括摄像机、光源、冷却设备和防护设备，安装在铸坯生产线火焰切割机后的辊道上方和下方，采集铸坯的内、外弧面表面图像。内弧面检测装置安装在横跨辊道的平台上，平台前后加装隔热挡板，如图7-1所示。外弧面检测装置安装在辊道下方搭建的检测小房内，如图7-2所示，小房的开口为一宽度80mm的窄缝，以减少氧化铁皮的掉入。同时，在开口上方有一压缩气管，上面开小孔，小孔朝向开口的斜上方，通过压缩空气的吹扫以减少氧化铁皮的掉入。

图7-1 上表面检测平台

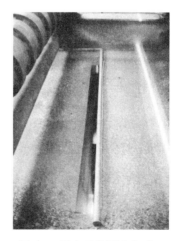

图7-2 下表面检测小房开口

作为系统的核心设备，摄像机的数量在满足需求的情况下，应该尽可能少，有利于设备的维护。摄像机的采集宽度应大于铸坯宽度，例如：当铸坯宽度为 2500mm 时，为了保证对铸坯的完整检测，设计采集宽度为 2600mm，选用 2 台 4096 像素的线阵 CCD 摄像机覆盖铸坯整个宽度，计算得到铸坯宽度方向上的成像精度为：$2600/(2 \times 4096) = 0.32$（mm/pixel），也就是摄像机采集到的图像中，每个像素代表的实际物理尺寸为 0.32mm。由于铸坯裂纹缺陷的尺寸一般超过 0.32mm，因此系统设计的成像精度可保证对裂纹的检测要求。

铸坯的表面温度高，钢坯自身发出大量的辐射光，对于摄像机的成像影响较大，甚至会掩盖铸坯表面的缺陷信息。为了消除辐射光的影响，系统采用高亮度的绿色激光线光源作为照明装置，激光的波长为 523nm。图 7-3 为激光线光源对于连铸坯表面照明的应用照片，可以看到，绿色激光光带与红热铸坯表面形成强烈对比，从而提高了图像的对比度。同时，在摄像机镜头前加装中心波长为 532nm 的窄带滤色镜，使得摄像机接收到的绝大多数为激光光带在铸坯表面的反射光，从而去除高温铸坯辐射光对成像造成的不良影响。图 7-4 是激光照明条件下采集到的高温铸坯表面图像，其中白色方框区域为裂纹所在区域，可以看出，表面裂纹所在的区域与背景存在着灰度上的差异，为下一步检测与识别算法提供了可能。

 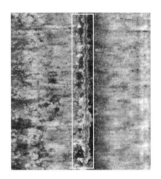

图 7-3　激光在高温铸坯表面的照明　　　　　图 7-4　高温铸坯表面裂纹

摄像机自身工作时的发热量小，理论上无需降温设备即可稳定长时间地工作。但是由于铸坯辐射的热量导致周围的环境温度升高，摄像机的温度也随之升高，因此冷却设备是保障铸坯缺陷检测系统稳定工作的关键。笔者在摄像机所处的箱体中采用冷水循环的热交换结构，能够迅速地将空气中的热量带走，进而降低铸坯表面辐射热量对摄像机稳定工作造成的影响。加入冷却装置后，箱体内的温度控制在 40℃ 左右，可以保证系统的稳定运行。摄像机采集到的图像通过高速网线传递到处理系统（算法工作站计算机）中，通过特定的图像处理算法对铸坯表面图像进行分析，找到可疑区域，并对可疑区域进行分类。

7.2　高温铸坯表面缺陷的特点

高温铸坯的质量通过表面质量、铸坯几何形状、钢的清洁度和内部组织致密度等指标来评估，这些指标的好坏与连铸机设计、采取的工艺以及铸坯凝固的特点密切相关。在浇铸和凝聚高温铸坯的过程当中，由于受到冷却、卷曲、拉直、拉引、夹持和钢液静压头等热应力与机械应力的作用，高温铸坯非常容易地产生各种各样的裂纹缺陷，同时由于高温铸坯的凝聚特征，它极易发生中心偏移与松散等里面缺陷，又加上钢水中的混合物的影响，它在结晶器内上浮分散的条件不如模铸充分以及浇铸过程当中形成钢水的污染也较模铸繁杂，所以，非金属与大型的混合物成为伤害高温铸坯质地的主要缺陷之一[4]。虽然经过几十年的发展，连铸工艺水平已经取得了非常长足的进步，铸坯表面产生缺陷的现象仍然难以避免。经过多年的研究总结，高温铸坯表面缺陷大致可以划分为裂纹、压痕、划伤、凹坑、氧化铁皮等5种类型，下面是国内某工业现场高温铸坯表面缺陷检测系统采集到的几种铸坯表面常见缺陷样本。

（1）裂纹。裂纹是影响高温铸坯表面质量最严重的缺陷。其中以纵向裂纹最为常见，如图7-5所示。纵向裂纹通常是平行于浇铸方向，当出现纵裂时，轻则进行精整作业，重则导致拉漏和废品，既影响高温铸坯的生产成品率，又影响产品质量。铸坯表面纵向裂纹大小不一，形态各异，尤其是对于小裂纹，人工检测难度很大。

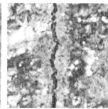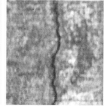

图7-5 纵向裂纹

（2）压痕。连铸生产过程中，切割瘤与辊面接触瞬间黏结在辊道表面上，随着辊子同步旋转，黏结到辊子表面的切割瘤转离铸坯，带着切割瘤的辊子转到上方时，切割瘤首次与铸坯下表面接触，切割瘤与辊面及铸坯黏结力小，切割瘤即脱离辊面和铸坯，其切割瘤的压痕保留在铸坯中，这样就产生了距切割面距离等于切割下辊道周长的压痕[5]，如图7-6所示。压痕严重影响铸坯质量，而且压痕大小不一成散点状分布，方向不定，人工检测难度较大。

图7-6 压痕

（3）划伤。划伤是高温铸坯生产过程中由于辊道的故障或磨损形成的一种印痕状的缺陷形式，如图7-7所示。铸坯在辊道上运行的过程中，故障辊道与板坯现对运动产生摩擦划伤。划伤是一种凹式的缺陷，呈规则线状出现，具有周期性。划伤发生的部位基本相同，其缺陷图像的背景、形态、灰度分布也都极为相似。划伤对铸坯本身造成的伤害比较小，但是由于光学因素划伤类缺陷在采集的图像上面会比较明显，因此容易影响在线检测的判断，从而造成误检。

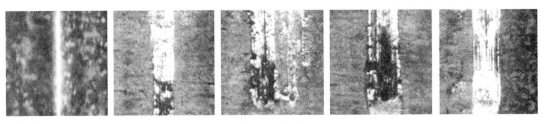

图 7-7　划伤

（4）凹坑。凹坑是结晶器周期性振动作用在铸坯表面形成的间距均匀且有一定深度的坑状缺陷，如图 7-8 所示。凹坑是影响铸坯表面质量的重要因素之一，在凹坑底部往往出现横向裂纹，产生皮下磷、锰等合金元素的正偏析，另外凹坑还经常导致卷渣，使铸坯皮下产生大颗粒夹杂物[6]。当然凹坑在铸坯表面非常常见，浅凹坑对产品质量影响并不大，但是当凹坑出现较深时则应引起注意。

图 7-8　凹坑

（5）氧化铁皮。高温铸坯在生产的过程中表面温度通常在 800℃以上，导致其表面被氧化形成大量形态多样的氧化铁皮，如图 7-9 所示。氧化铁皮形态复杂多样，灰度变化起伏较大，是造成高温铸坯表面图像背景复杂的主要因素，它本身并不会严重影响铸坯质量，但却对铸坯表面缺陷的检测造成巨大干扰，同时在后续的带钢生产过程中，过多的氧化铁皮也会影响到带钢成品质量。

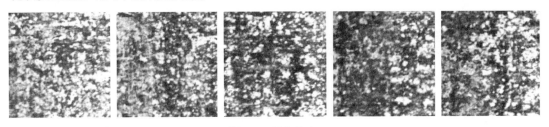

图 7-9　氧化铁皮

以上为比较常见的高温铸坯表面缺陷类型，图 7-10 显示了没有缺陷的正常高温铸坯样本。

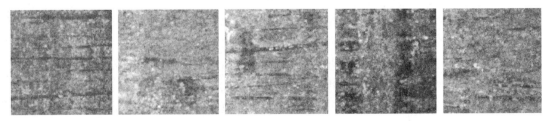

图 7-10　正常样本

本章使用的高温铸坯表面缺陷样本库由作者开发的高温铸坯表面缺陷在线检测系统在线采集获取，共计 733 张，尺寸为 128×128，类型与数量见表 7-1。

表 7-1 高温铸坯表面缺陷图像样本库

裂纹	压痕	划伤	凹坑	氧化铁皮	其他	总计
318	100	117	30	128	40	733

7.3 高温铸坯表面缺陷识别算法

充分考虑高温铸坯表面缺陷图像的特点，针对高温铸坯表面缺陷具有多尺度、多方向的特点，提出了基于多尺度几何分析方法（Multiscale Geometric Analysis，MGA）[7~9]和监督局部线性嵌入算法（Supervised Locally Linear Embedding，SLLE）[10,11]相结合的高温铸坯表面缺陷识别算法。

7.3.1 多尺度几何分析概述

近年来，在数学分析、计算机视觉、模式识别和统计分析等学科中，分别独立地发展着一种彼此极其相似的高维信号分析方法，人们称之为多尺度几何分析[12]。多尺度几何分析是在小波变换的基础上发展起来的，克服了小波变换处理高维数据稀疏能力不足的缺陷，又被称为后小波变换，用以检测和处理某些高维空间数据。这些高维空间的主要特点是：某些数据的重要特征集中体现于其低维子集中，如曲线、片状面等[13]。由于 MGA 方法具有多尺度、多方向和时频局部性等特点，因而能够更准确地检测和处理高维数据，将其应用于图像识别会有很好的效果。目前图像的多尺度分析理论和算法并不完善，都还在不断地改进和发展过程中，其研究和应用主要集中在图像识别、图像去噪、图像编码和图像检索等领域。多尺度几何分析方法由一批曾经推动小波发展的理论研究工作者建立了基本的理论框架，主要包括 Francois G. Meyer 和 Ronald R. Coifman 提出的 Brushlet[14]；E. J. Candes 和 David L. Dohono 提出的 Ridgelet[15]，Monoscale Ridgelet[16] 以及 Curvelet[17,18]；David L. Dohono 和 Xiaoming Huo 提出的 Beamlet[19]；M. N. Do 和 M. Vetterli 提出的 Contourlet[20,21]；E. Le Pennec 和 Stephane Mallat 提出的 Bandelet[22]；V. Velisavljevic 等人提出的 Directionlet[23]；A. L. Cunha 等人提出的非下采样轮廓波变换（Non-Subsampled Contourlet Transform，NSCT）[24]以及 K. Guo 和 D. Labate 等人提出的 Shearlet 变换[25,26]等。其中，理论研究较为成熟或实际应用较为广泛地多尺度几何分析方法主要包括 Curvelet 变换、Contourlet 变换、Bandelet 变换以及 Shearlet 变换。下面着重阐述这四种多尺度几何分析方法的提出及特点。

1998 年，E. J. Candes 和 D. Donoho 提出了脊波（Ridgelct）理论，这是一种通过构造脊函数得到的非自适应的高维函数表示方法，它对于具有直线奇异的多变量函数有良好的逼近性能[27]。脊波变换是表示具有直线奇异多变量函数的最优基，但对于具有曲线奇异的多变量函数，其非线性逼近性能与小波变换相当[28]。1999 年，Candes 又提出了单尺度脊波（Monoscale Ridgelet）变换，实现了含曲线奇异的多变量函数的稀疏表示[29]。1999 年，Candes 和 Donoho 在脊波变换的基础上提出了连续 Curvelet 变换[30]，在图像去噪领域取得了令人满意的结果。但是当时的 Curvelet 变换计算复杂度很大，其相关和冗余信息也较多，因此为了提高效率，Candes 和 Guo 在 2002 年又提出了无需分块操作和脊波变换的第二代 Curvelet 变换[31]。2002 年，受到第二代 Curvelet 变换的启发，M. N. Do 和 M. Vetterli 又提出了一种"真正"的图像二维表示方法——Contourlet 变换[32]。

Contourlet 变换采用的是与 Curvelet 变换先从连续域定义再扩展至离散域的方法完全不同的思路，可以看做是一种近似的 Curvelet 变换的数字实现方式。Contourlet 变换在离散域中定义，直接实现了二维数字图像的多尺度、局部和多方向的表示，然后再将离散域与连续域联系起来，在连续域中讨论 Contourlet 变换的逼近性能，从而避免了像 Curvelet 变换那样从极坐标到直角坐标的转换过程，且具有更小的冗余度[33,34]。另外，Contourlet 变换的分解过程可以分为多尺度分解与多方向分解这两个过程，并且这两个过程是完全相互独立的，这样一来 Contourlet 变换在每一个分解尺度上可以设置不同的分解方向数，从而可以在不同尺度上得到不同数目的方向子带，具有更强的灵活性。

与上述两种方法不同，2000 年 E. L. Pennec 和 S. Mallat 提出了一种能够自适应地跟踪图像的几何正则方向，较好地保持图像边缘和纹理特征的多尺度几何分析方法：Bandelet 变换。构造 Bandelet 变换的核心思想是定义图像中的几何特征矢量场，Bandelet 基并不是预先确定的，而是以优化最终的应用结果来自适应的选择具体的基组成[35]。Bandelet 变换理论上可以实现对二维函数光滑边界的最优逼近，采用 Bandelet 基函数可以实现对有几何正则性图像的最佳稀疏表示。Bandelet 变换通过二维正交小波变换来实现多尺度分析，通过最优几何流方向搜索和一维小波变换来完成几何方向分析。但是 Bandelet 变换算法复杂度较高，于是 Peyre 和 Mallat 于 2005 年又提出了第二代 Bandelet 变换。第二代 Bandelet 变换去除了原有算法数据之间的部分相关信息，直接从离散形式出发，其基函数具有全局正交性且避免了重构图像的边界效应，同时算法的复杂度也大大降低。

Shearlet 变换是由 K. Guo 和 G. Easley 等人于 2007 年通过特殊形式的具有合成膨胀的仿射系统构造的，它是通过剪切和平移等仿射变换以及对基函数的缩放来生成具有不同特征的 Shearlet 函数，因而具有很好的各向异性。Shearlet 变换是一种较新的多尺度几何分析方法，它集成了 Curvelet 变换和 Contourlet 变换的优点，并对包含 C^2 奇异曲线或曲面的高维型号具有最优逼近性能。K. Guo 和 D. Labate 于 2008 年又对 Shearlet 变换进行改进提出了基于傅里叶变换的 Shearlet 变换，可以很好地捕捉图像的方向性和其他几何特征，尤其是对边缘以及方向流的特征更加敏感。Shearlet 变换对二维信号不仅能够检测到所有奇异点还能自适应地跟踪奇异曲线的方向，此外，Shearlet 变换还能随着尺度参数的变化准确地描述函数的奇异特征，实现描述高维信号中的几何奇异性。

各种多尺度几何分析方法都有其各自擅长处理的图像特征，鉴于高温铸坯表面图像的复杂性和缺陷特征的多样性，本文将在结合高温铸坯表面缺陷在线检测需求的基础上充分考虑各种算法的优劣，对合适算法进行一定的优化改进和对比实验。下一节将介绍基于 Curvelet 变换的算法。

7.3.2　Curvelet 变换原理

Curvelet 变换是由 E. J. Candes 和 D. Donoho 于 1999 年提出的[36]，即第一代 Curvelet 变换，它是在小波变换的基础上发展而来的一种非自适应的多尺度几何分析方法，同时 Curvelet 变换又克服了小波变换基结构为各向同性的缺点，能够对曲线等几何信息获得更好的表示。Curvelet 变换不但具有时频局域性和多分辨性，而且具有更强的方向辨识能力，因此 Curvelet 变换对图像的边缘，如曲线、直线等几何特征的表达更加优越。然而，第一代 Curvelet 变换的数字实现比较复杂，需要子带分解、平滑分块和 Ridgelet 分析等一系列步骤，而且 Curvelet 变换金字塔的分解也带来了巨大的数据冗余，因此 Candes 等人又提出了实现更简单、更便于理解的快速 Curvelet 变换算法，即第二代 Curvelet 变换[37]。第二代 Curvelet 变换理论随之成为国内外学者研究的热点，有学者为实现 Curvelet 变换而发展出新的数字算法使其更加简单实用[38,39]，也有学者将其应用到图像校正、形态分析等领域[40~44]。第二代 Curvelet 变换不需要再进行 Redgelet 变换等一系列复杂的计算，而是直接通过频率划分定义，采用基函数与信号的内积形式实现信号的稀疏表示[45]。

（1）连续 Curvelet 变换。Curvelet 变换是采用基函数与信号的内积形式实现信号的稀疏表示，因此可以表示为：

$$c(j, l, k) := \langle f, \varphi_{j, l, k} \rangle \tag{7-1}$$

式中，$\varphi_{j, l, k}$ 表示 Curvelet 函数，j、l、k 分别表示尺度、方向和位置参数。

在二维空间 R_2 中，x 为空间位置参数，ω 为频域参数，r、θ 为频域下的极坐标。定义一对平滑、非负和实值的窗口函数"半径窗"$W(r)$ 和"角窗"$V(t)$，且他们均满足容许性条件[46]：

$$\sum_{j=-\infty}^{\infty} W^2(2^j r) = 1, \ r \in (3/4, \ 3/2) \tag{7-2}$$

$$\sum_{l=-\infty}^{\infty} V^2(t-l) = 1, \ t \in (-1/2, \ 1/2) \tag{7-3}$$

则对于所有的 $j \geqslant j_0$，定义傅里叶频域上的频域窗为：

$$U_j(r, \ \theta) = 2^{-3j/4} W(2^{-j}r) V\left(\frac{2^{[j/2]}\theta}{2\pi}\right) \tag{7-4}$$

式中，$[j/2]$ 表示 $j/2$ 的整数部分；U_j 为极坐标下的受 W 和 V 支撑区间限制的一种"楔形"窗，如图 7-11 所示。

由此，定义 $\varphi_j(x)$ 为 Curvelet 母波，其傅里叶变换 $\hat{\varphi}_j(\omega) = U_j(\omega)$，且在尺度 2^{-j} 上所有的 Curvelet 变换都能通过 $\varphi_j(x)$ 旋转或平移得到。引入相同间隔的旋转角序列 $\theta_l = 2\pi 2^{-j/2}l(l = 0, \ 1, \ \cdots, \ 0 \leqslant \theta_l < 2\pi)$ 和位移参数 $k = (k_1, \ k_2) \in Z^2$，则位置变量 $x_k^{(j, \ l)} = R_{\theta_l}^{-1}(k_1 \cdot 2^{-j}, \ k_2 \cdot 2^{-j})$ 的 Curvelet 函数为：

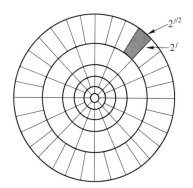

图 7-11　连续 Curvelet 变换示意图

$$\varphi_{j, \ k, \ l}(x) = \varphi_j[R_{\theta_l}(x - x_k^{(j, \ l)})] \tag{7-5}$$

式中，R_{θ_l} 表示 θ_l 为弧度的旋转，因此，Curvelet 变换便可表示为：

$$c(j, \ l, \ k) := \langle f, \ \varphi_{j, \ l, \ k} \rangle = \int_{R^2} f(x) \overline{\varphi_{j, \ l, \ k}(x)} \mathrm{d}x \tag{7-6}$$

于是频域的 Curvelet 变换定义为：

$$c(j, l, k): = \frac{1}{(2\pi)^2} \int \hat{f}(x) \overline{\hat{\varphi}_{j, l, k}(x)} \mathrm{d}x = \frac{1}{(2\pi)^2} \int \hat{f}(\omega) U_j(R_{\theta_l}\omega) \mathrm{e}^{i\langle x_k^{(j, l)}, \omega \rangle} \mathrm{d}\omega$$

$$(7-7)$$

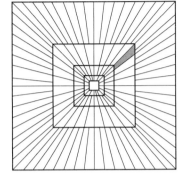

（2）离散 Curvelet 变换。由图 7-11 可以看到连续 Curvelet 变换是将频域窗 U_j 光滑地分成角度不同的环形，但是这种"楔形"窗方式并不适合二维笛卡尔坐标系，因此，在离散 Curvelet 变换中将采用如图 7-12 所示的同心心的方块区域 U_j 来表示。

定义笛卡尔坐标系下的频域窗：

$$U_j: = W_j(\omega) V_j(\omega) \qquad (7-8)$$

式中，$W_j(\omega) = \sqrt{\Phi_{j+1}^2(\omega) - \Phi_j^2(\omega)}$，$j \geqslant 0$；$V_j(\omega) = V(2^{[j/2]}\omega_2/\omega_1)$。$\Phi$ 被定义为一维低通窗口的内积：
$\Phi_j(\omega_1, \omega_2) = \phi(2^{-j}\omega_1)\phi(2^{-j}\omega_2)$，$\phi \in [0, 1]$。

图 7-12　离散 Curvelet 变换示意图

引入相同间隔的斜率 $\tan\theta_l$：$= l \cdot 2^{-[-j/2]}$，$l = -2^{[j/2]}, \cdots, 2^{[j/2]} - 1$，则：

$$U_{j, l}(\omega) = W_j(\omega) V_j(S_{\theta_l}\omega) \qquad (7-9)$$

式中，剪切矩阵 S_θ 定义为：

$$S_\theta: = \begin{pmatrix} 1 & 0 \\ -\tan\theta & 1 \end{pmatrix} \qquad (7-10)$$

则离散 Curvelet 函数为：

$$\overline{\varphi}_{j, l, k}(x) = 2^{3j/4} \overline{\varphi}_j(S_{\theta_l}^T(x - S_{\theta_l}^{-T}b)), \quad b: = (k_1 \cdot 2^{-j}, k_2 \cdot 2^{-j/2}) \qquad (7-11)$$

离散 Curvelet 变换定义为：

$$c(j, l, k) = \int \hat{f}(\omega) U_j(S_{\theta_l}^{-1}\omega) \mathrm{e}^{i\langle b, \omega \rangle} \mathrm{d}\omega \qquad (7-12)$$

式（7-12）可返回一个以尺度参数、方向参数和空间位置参数为下标的离散 Curvelet 系数表。

7.3.3　Contourlet 变换原理

Contourlet 变换是一种多尺度几何分析方法，是从小波变换到 Curvelet 变换发展而来的，它将 Curvelet 的优点延伸到更高维空间，能够更好地刻画具有线奇异性和面奇异性的高维信息。Contourlet 变换的最终结果是使用类似于轮廓段的基结构来逼近原图像，能以接近最优的方式描述图像边缘。在阐述 Contourlet 变换原理之前，先介绍两个基本知识，拉普拉斯塔式滤波器和方向滤波器组。

拉普拉斯塔式滤波器（Laplacian Pyramid, LP）最初是由 Burt 和 Adelson 在 1983 年提出的一种多分辨分析工具，其初衷是应用于图像子带分解后的压缩编码，目前已经成为非常有效的信号处理和分析工具[47,48]。在 Contourlet 变换过程中用到的 LP 分解，其每级分解将得到待分解图像一个低通部分和一个差异部分，并且可以迭代进行以实现多级分解，如图 7-13 所示。其中，x 和 $\hat{x}$ 表示原始信号和预测信号，c 为低频信号，d 为高频信号，p 为低频信号经上采样和滤波生成的预测信号。图 7-13b 为 Do 和 Vetterli 改进的双重框架运算的 LP 重构算法[49]，它与传统的重构算法相比最高可提高 1dB。

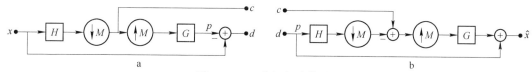

图 7-13　LP 分解与重构过程

a—LP 分解；b—LP 重构

方向滤波器组（Directional Filter Banks，DFB）是 Bamberger 和 Smith 于 1992 年为逐步划分方向子带而构造的一个二维方向滤波器组[50]，通过 l 级二叉树分解将频谱划分为 2^l 个楔形频率子带，假设 $l=3$，则其产生的楔形频率子带的划分如图 7-14 所示，同时对应了图像在 8 个不同方向的信息。

为了提高 DFB 的频率划分性能，Do 和 Vetterli 提出了一种改进的 DFB 算法以简化运算[51,52]。该算法只采用扇形 QFB（Quincunx Filter Banks）而无需调制原始信号，此外采用简单的树型结构就能得到完美的频率划分，实现"旋转"的图像重采样与扇形 QFB 相结合的方式获得楔形频率划分。如图 7-15 所示为 DFB 前两层的分解结构，这里在每层都使用了扇形 QFB，在第一层选用 Q_0 作为采样矩阵而第二层则采用 Q_1 作为采样矩阵，于是两层的总采样矩阵就可以表示为 $Q_0Q_1 = 2I_2$，也就是每一维完成二取一的下采样操作。

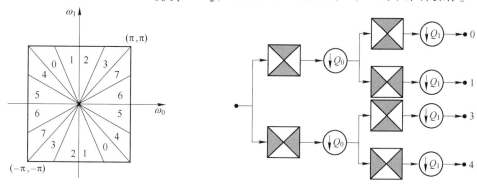

图 7-14　$l=3$ 时方向滤波器的频率划分 　　　　图 7-15　DFB 分解的前两层

此外，根据滤波和采样的等效结构形式，可以将图 7-15 中的第一层采用标准的扇形滤波器，将信号分解为垂直和水平，如图 7-16a 所示。第二层采用象限滤波器，如图 7-16b 所示，与第一层的扇形滤波器相结合就能够得到想要的四方向频率子带，如图 7-16c 所示。然后从第三层起，后面的滤波环节先进行重采样再进行滤波和下采样。

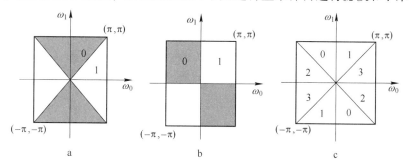

图 7-16　DFB 前两层分解的等效结构

a—扇形滤波器；b—象限滤波器；c—四方向频率子带

    Contourlet 变换正是采用了 LP 和 DFB 的双重滤波器组实现的。Contourlet 变换是用类似于轮廓段（Contour Segment）的基结构来逼近图像。基的支撑区间是具有随尺度变化长宽比的"长条形"结构，具有方向性和各向异性，Contourlet 系数中，表示图像边缘的系数能量更加集中，或者说 Contourlet 变换对于曲线有更"稀疏"的表达[53,54]。Contourlet 变换采用双重滤波器组结构，首先采用 LP 分解捕获奇异点：对输入的原始图像使用 LP 分解进行多尺度分解，这样每一次 LP 分解都能生成一个低频子带和一个高频子带，低频子带的分辨率为原图像的一半，而高频子带与原始图像分辨率相同，且这个高频子带就是原始图像与低频子带上采样滤波后的差值信号，接着对低频子带继续使用 LP 分解进行反复迭代，这样便可以将原始图像分解为一系列不同尺度上的低频和高频子带；然后对 LP 分解所得到的高频子带使用 DFB 进行多方向分解：DFB 的作用是捕获图像的方向性高频信息，将分布在同方向上的奇异点合并为一个系数，即 Contourlet 变换系数，并将这些系数连接成轮廓段。Contourlet 变换可以在任意尺度上分解成 $2l$（l 为正整数）个方向子带，表现出高度的方向性。Contourlet 变换的原理如图 7-17 所示。

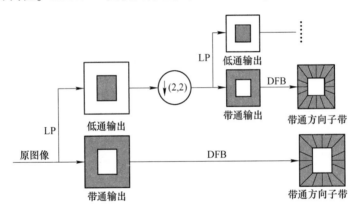

图 7-17   Contourlet 变换的原理图

7.3.4   Shearlet 变化原理

    Shearlet 变换是一种新的多尺度几何分析方法，它集合了 Curvelet 变换和 Contourlet 变换的优点，通过一个基函数的膨胀、剪切和平移变换来实现多尺度多方向的分解。Shearlet 变换具有很强的方向敏感性，同时对于奇异曲线具有最优的系数逼近性能，在缺陷识别方面具有优良的性能。

    （1）连续 Shearlet 变换。Shearlet 变换是在合成小波理论[55~58]的基础上结合仿射系统理论来构造的。在维数 $n=2$ 时，合成膨胀系统可表示为：

$$M_{AB}(\phi) = \{\phi_{j,\,l,\,k}(x) = |\det A|^{j/2}\phi(B^l A^j x - k): j,\,l \in z,\,k \in z^2\} \qquad (7\text{-}13)$$

式中，$\phi \in L^2(R^2)$ 为合成仿射系统的元素，L 为可积空间；A 和 B 是 2×2 可逆矩阵；$|\det A| = 1$；j、l、k 分别是尺度参数、剪切参数和平移参数。

    如果 $M_{AB}(\phi)$ 具有紧框架，即对任意的 $f \in L^2(R^2)$ 满足：

$$\sum_{j,\,l,\,k} |\langle f,\,\phi_{j,\,l,\,k}\rangle|^2 = \|f\|^2 \qquad (7\text{-}14)$$

则称 $M_{AB}(\phi)$ 为合成小波。A^j 矩阵与尺度变换相关，而 B^l 与面积不变的几何变换相匹配。令：

$$N_{a,s} = \begin{pmatrix} 1 & s \\ 0 & 1 \end{pmatrix} \begin{pmatrix} a & 0 \\ 0 & \sqrt{a} \end{pmatrix} = \begin{pmatrix} a & \sqrt{a}\,s \\ 0 & \sqrt{a} \end{pmatrix} \tag{7-15}$$

式中，$(a, s) \in R^+ \times R$，满足如下的仿射系统：

$$\begin{aligned} M_{N_{a,s}}(\phi) &= M_{a,s,t}(\phi) \\ &= \{\phi_{a,s,t}(x) = a^{-3/4}\phi(N_{a,s}^{-1}(x-t)) : a \in R^+, s \in R, t \in R^2\} \end{aligned} \tag{7-16}$$

式中，$N_{a,s}$ 为各向异性膨胀矩阵 $A = \begin{pmatrix} a & 0 \\ 0 & \sqrt{a} \end{pmatrix}$ 和剪切矩阵 $S = \begin{pmatrix} 1 & s \\ 0 & 1 \end{pmatrix}$ 的组合；$M_{a,s,t}(\phi)$ 即为连续剪切波。对于任意的 $\xi = (\xi_1, \xi_2) \in R^2$，$\xi_1 \neq 0$，$\phi(x)$ 满足：

$$\phi(\xi) = \phi(\xi_1, \xi_2) = \phi_1(\xi_1)\phi_2\left(\frac{\xi_2}{\xi_1}\right) \tag{7-17}$$

式中，$\phi(\xi)$ 为 $\phi(x)$ 的傅里叶变换；ϕ_1 是连续小波变换，$\phi_1 \in C^\infty(R)$，$\mathrm{supp}\,\phi_1 \in [-2, -1/2] \cup [1/2, 2]$；$\phi_2$ 是 bump 函数，$\phi_2 \in C^\infty(R)$，$\mathrm{supp}\,\phi_2 \in [-1, 1]$，且在区间 $[-1, 1]$ 上，$\phi_2 > 0$，$\|\phi_2\| = 1$。

若 ϕ 满足上面所有的假设，则函数族 $\{\phi_{a,s,t}(x) : a \in R^+, s \in R, t \in R^2\}$ 是 $L^2(R^2)$ 下的一个衍生系统并且满足 Calderon 准则。对于任意的 $f \in L^2(R^2)$：

$$\|f\|^2 = \int_{R^2}\int_R\int_0^\infty |\langle f, \phi_{a,s,t}\rangle|^2 \frac{da}{a^3}dsdt \tag{7-18}$$

于是，定义连续 Shearlet 变换为：

$$S_f(a, s, t) = \langle f, \phi_{a,s,t}\rangle \quad (a \in R^+, s \in R, t \in R^2) \tag{7-19}$$

式中，a、s、t 分别是尺度参数、剪切参数和平移参数。剪切母函数是：

$$\phi_{a,s,t}(x) = a^{-3/4}\phi(A^{-1}S^{-1}(x-t)) \tag{7-20}$$

$\hat\phi(\xi)$ 的频域支撑为：

$$\mathrm{supp}\,\hat\phi_{a,s,t} \subset \left\{ (\xi_1, \xi_2) : \xi_1 \in [-2/a, -1/(2a)] \cup [1/(2a), 2/a], \left| s + \frac{\xi_2}{\xi_1} \right| \leq \sqrt{a} \right\} \tag{7-21}$$

误差性能为：

$$\|f - f_M\|^2 \leq CM^{-2}(\log M)^3 \tag{7-22}$$

式中，f 是 $C^a a$ 阶连续函数，除了具有一条分段 C^2 连续的曲线外[59,60]。

(2) 离散 Shearlet 变换。为了实现 Shearlet 变换的离散化，定义 $W_{i,j}^0$ 和 $W_{i,j}^1$ 为 Shearlet 变换局部化梯形对上的窗函数，对于 $\xi = (\xi_1, \xi_2) \in R^2$，$\xi_1 \neq 0$，$i \geq 0$，$1 - 2^i \leq j \leq 2^i - 2$，满足：

$$W_{i,j}^0 = \begin{cases} \hat\phi_2\left(2^i\frac{\xi_2}{\xi_1} - j\right) \aleph_{C_0}(\xi) + \hat\phi_2\left(2^i\frac{\xi_2}{\xi_1} - j + 1\right) \aleph_{C_1}(\xi), & (j = -2^i) \\[2mm] \hat\phi_2\left(2^i\frac{\xi_2}{\xi_1} - j\right), & (1 - 2^i \leq j \leq 2^i - 2) \\[2mm] \hat\phi_2\left(2^i\frac{\xi_2}{\xi_1} - j\right) \aleph_{C_0}(\xi) + \hat\phi_2\left(2^i\frac{\xi_2}{\xi_1} - j - 1\right) \aleph_{C_1}(\xi), & (j = 2^i - 1) \end{cases}$$

$$W_{i,\,j}^1 = \begin{cases} \hat\phi_2\!\left(2^i\dfrac{\xi_2}{\xi_1} - j + 1\right)\aleph_{C_0}(\xi) + \hat\phi_2\!\left(2^i\dfrac{\xi_2}{\xi_1} - j\right)\aleph_{C_1}(\xi)\,, & (j = -2^i) \\[2mm] \hat\phi_2\!\left(2^i\dfrac{\xi_2}{\xi_1} - j\right)\,, & (1 - 2^i \leqslant j \leqslant 2^i - 2) \\[2mm] \hat\phi_2\!\left(2^i\dfrac{\xi_2}{\xi_1} - j - 1\right)\aleph_{C_0}(\xi) + \hat\phi_2\!\left(2^i\dfrac{\xi_2}{\xi_1} - j\right)\aleph_{C_1}(\xi)\,, & (j = 2^i - 1) \end{cases} \tag{7-23}$$

式中，当 $j = -2^i$ 或者 $j = 2^i - 1$ 时，水平锥 C_0 和垂直锥 C_1 的连接处 $W_{i,\,j}^d(\xi)$ 为两个窗函数的叠加，即为剪切波滤波器。当 $d = 0$、1 时，Shearlet 变换就是将 $f \in L^2(R^2)$ 映射为 $\langle f,\ \psi_{i,\,j,\,k}^d(\xi)\rangle$，式中 $i \geqslant 0$，$-2^i \leqslant j \leqslant 2^i - 1$，$k \in Z^2$。于是，Shearlet 函数的傅里叶变换可以写成：

$$\psi_{i,\,j,\,k}^d(\xi) = 2^{\frac{3i}{2}} V(2^{-2i}\xi)\, W_{i,\,j}^d(\xi)\, \mathrm{e}^{-2\pi i \xi A_d^{-i} S_d^{-j} k} \tag{7-24}$$

式中，$V(\xi_1, \xi_2) = \psi_1(\xi_1)\aleph(\xi_1, \xi_2) + \psi_1(\xi_2)\aleph(\xi_1, \xi_2)$，对于任意的 $f \in L^2(R^2)$，Shearlet 系数可通过下式计算：

$$\langle f,\ \psi_{i,\,j,\,k}^d(\xi)\rangle = 2^{\frac{3i}{2}} \int_{R^2} f(\xi)\, \overline{V(2^{-2i}\xi)\, W_{i,\,j}^d(\xi)}\, \mathrm{e}^{-2\pi i \xi A_d^{-i} S_d^{-j} k}\, \mathrm{d}\xi \tag{7-25}$$

Shearlet 变换作为一种比较新构造出来的多尺度几何分析函数，集合了许多多尺度几何分析函数的优良特性，同时还具有更简单的数学结构，为解决图像处理中的难点问题提供了新的研究思路[61,62]。

7.3.5　有监督的局部线性嵌入算法

图像经多尺度几何变换后可以得到多个子带图像，对所有子带图像提取特征并汇总后可以获取大量的特征，这些特征之间必然存在着冗余信息，会影响最终的分类效果，因此需要对提取到的特征量进行降维处理。有监督的局部线性嵌入（Supervised Locally Linear Embedding，SLLE）算法是一种新的非线性降维方法，它是在局部线性嵌入（Locally Linear Embedding，LLE）算法的基础上充分应用了样本的类别信息改进过来的。LLE 算法是一种广泛应用的流行学习算法，它通过局部线性关系的联合来揭示全局非线性结构，从而达到非线性降维目的，而且还能保持原有数据的拓扑结构[63]。其基本思想为：数据结构在局部意义下是线性的，也可以说局部意义下的点在一个超平面上，那么对于任意一点均可使用它的邻域点的线性组合表示。LLE 算法中由重构权误差最小化得到的最优权值遵循对称特性，并且每个点的重构权值具有伸缩、旋转和平移不变性[64]。此外，LLE 算法不需迭代而反复计算，通过低维嵌入计算并最终成为稀疏矩阵特征值的有效计算方法，而且具有解析的全局最优解，因此 LLE 算法的计算复杂度也相对较小。但是，LLE 算法是一种无监督算法，它并没有利用训练样本的类别信息，对此，Dick de Ridder 等人在 LLE 算法中加入类别信息，正式提出 SLLE 算法。SLLE 算法从分类的观点出发考虑，处理包含多个分离流形的数据，其中每个流形分别对应各个不同的类，把属于同一流形的高维数据点映射到嵌入空间对应的同一区域内，区分开不同流形的高维数据点。SLLE 算法具有缩放、旋转和平移不变性，能够广泛地应用于非线性数据的降维、图像分割、可视化以及模式识别等领域[65~68]。

SLLE 算法的基本流程如下：

（1）选取邻域。计算每个样本点 X_i 的 K 个近邻点，相对于所求样本点距离最近的 K 个样本点作为所求样本点的 K 近邻，即 K 邻域。K 为预先给定的值。

首先计算任意两个样本点之间的欧氏距离：

$$\delta_E(X_i, \, X_j) = \left[\, (X_i - X_j)^T (X_i - X_j) \, \right]^{1/2} \tag{7-26}$$

构成原始欧氏距离矩阵 D，然后增加属于不同类别样本点之间的距离而保留属于同一类别样本点之间的距离不变[69]：

$$D' = D + \alpha \max(D) \Delta, \ \alpha \in [0, \, 1] \tag{7-27}$$

式中，D' 为计算后新的距离矩阵；$\max(D)$ 为最大欧氏距离；Δ 取 0 或 1（当 X_i 和 X_j 属于同类时取 0，否则取 1）；α 表示控制点集之间的距离参数。对于每个样本点 X_i，D' 选择与其距离最近的 K 个样本点作为其近邻点。

（2）计算重构权值矩阵。这里需定义重构误差：

$$\varepsilon(W) = \sum_{i=1}^{N} \left\| X_i - \sum_{j=1}^{N} w_{ij} X_{ij} \right\|^2 \tag{7-28}$$

式中，X_{ij} 不是 X_i 的近邻点时 $w_{ij} = 0$ 且 $\sum_{j=1}^{N} w_{ij} = 1$，因此上式可以写成：

$$\varepsilon'(W) = \left\| \sum_{j=1}^{N} w_{ij}(X_i - X_{ij}) \right\|^2 = \sum_{j=1}^{K} \sum_{m=1}^{K} w_{ij} w_{im} Q'_{jm} \tag{7-29}$$

式中，Q' 是一个 $K \times K$ 的矩阵，且：

$$Q'_{jm} = (X_i - X_{ij})^T (X_i - X_{im}) \tag{7-30}$$

通过最小二乘法解式（7-29）可得局部最优重构权值矩阵：

$$W_{ij} = \frac{\sum_{m=1}^{K} (Q')^{-1}_{jm}}{\sum_{p=1}^{K} \sum_{q=1}^{K} (Q')^{-1}_{pq}} \tag{7-31}$$

这里 Q' 是一个奇异矩阵，因此需要对 Q' 进行优化：

$$Q' = Q' + r I_{K \times K} \tag{7-32}$$

式中，r 为正则化参数；$I_{K \times K}$ 为 $K \times K$ 的单位矩阵。

（3）映射到低维空间得到低维特征向量。固定权值 w_{ij} 寻找映射 Y_{ij} 使得如下目标函数最小：

$$\varepsilon(Y) = \sum_{i=1}^{N} \left\| Y_i - \sum_{j=1}^{N} w_{ij} Y_{ij} \right\|^2 \tag{7-33}$$

式中，Y_i 是 X_i 的低维映射向量，且满足条件 $\sum_{i=1}^{N} Y_i = 0$ 和 $\frac{1}{N} \sum_{i=1}^{N} Y_i Y_i^T = I$（$I$ 为 $N \times N$ 的单位矩阵）。因此，式（7-33）可以写为：

$$\varepsilon(Y) = \sum_{i=1}^{N} \sum_{i=1}^{N} M_{ij} Y_i^T Y_j = tr(Y M Y^T) \tag{7-34}$$

式中，M 是一个 $N \times N$ 的对称矩阵，表达式为：

$$M = (I - W)^T (I - W) \tag{7-35}$$

要使式（7-35）取最小值，即求 $\mathrm{min}\,tr(YMY^T)$，在满足条件的情况下，就转换成了一个特征值问题。原始的数据经过降维之后，还可以进一步对降维后的特征向量进行优化选取等。

7.4　实验与分析

7.4.1　Curvelet-SLLE 算法

Curvelet 变换能够获得图像在多尺度多方向上的信息，而 SLLE 是一种非线性降维算法，能够对高维数据进行快速降维，并且去除数据间一定的相关信息和冗余。因此，本节将研究 Curvelet 变换与 SLLE 相结合的特征提取算法，即 Curvelet-SLLE 算法，并将其应用于高温铸坯表面缺陷的识别实验。图 7-18 为 Curvelet-SLLE 算法的流程图，其实现步骤如下：

（1）Curvelet 分解。对每一幅样本图像进行 3 层 Curvelet 分解，每层分解后的子带图像数量分别为 1、16、1，分解后共得到 18 个子带图像。

（2）计算特征值。对分解得到的子带图像分别计算均值、方差、L2 范数、Hu 不变矩和二阶 Zernike 矩等五种统计量，共得到 5×18 = 90 个特征量。

（3）SLLE 降维。对 90 个特征向量采用 SLLE 算法进行降维，降维后的特征量数目为 20。

（4）SVM 分类。将降维后的 20 个特征向量分别输入 SVM 分类器，SVM 分类器选择径向基函数，核参数 r 以 0.01 位步长在区间（0，4］上取值。

图 7-19 为 Curvelet-SLLE 算法对表 7-1 样本的分类结果。

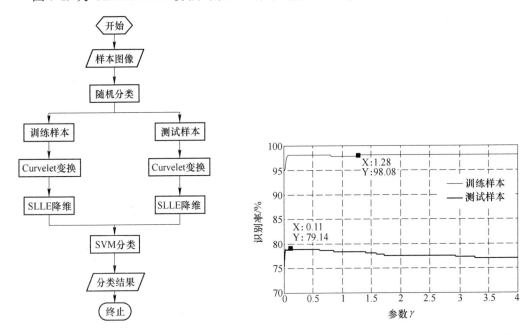

图 7-18　Curvelet-SLLE 算法流程图　　　图 7-19　Curvelet-SLLE 算法对高温铸坯样本的分类结果

由图 7-19 可知，当核参数 $\gamma \in [0.09，0.11]$ 时测试样本识别率达到最高值为 79.14%，并会随着 γ 值的变化而变化，说明 Curvelet-SLLE 算法的分类结果不是十分稳定。

7.4.2　Contourlet-SLLE 算法

Curvelet-SLLE 算法的识别率和算法效率还有待进一步提高，本节将研究 Contourlet 变换与 SLLE 相结合的 Contourlet-SLLE 算法，其步骤如下：

（1）Contourlet 分解。对每幅样本图像进行 Contourlet 分解，Contourlet 变换的 LP 和 DFB 滤波器类型分别选择"9/7"和"pkva"，分解层数设为 3，每层分解后的子带图像数量分别为 8、16、32，加上低频近似图像，分解后共得到 57 个子带图像。

（2）计算特征值。对得到的子带图像分别计算其均值和方差值作为特征量，共得到 114 个特征量。

（3）SLLE 降维。对 114 个特征向量采用 SLLE 算法进行降维，降维后的特征量数目为 20。

（4）SVM 分类。将降维后的 20 个特征向量分别输入 SVM 分类器，SVM 分类器选择径向基函数，核参数 γ 以 0.01 位步长在区间（0，4］上取值。

图 7-20 为 Contourlet-SLLE 算法对表 7-1 样本的分类结果。

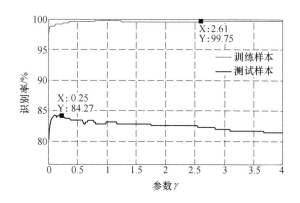

图 7-20　Contourlet-SLLE 算法对高温铸坯样本的分类结果

由图 7-20 可知，当 $\gamma \in [\,0.22,\,0.25\,]$ 时，测试样本的分类正确率可达 84.27%，比 Curvelet-SLLE 算法得到的分类正确率高，并且能够保持相对稳定，说明 Contourlet-SLLE 算法是有效并稳定的，同时也说明图像中还是存在某些因素干扰了缺陷的分类。表 7-2 为 $\gamma = 0.25$ 时测试样本的分类混淆矩阵。

表 7-2　$\gamma = 0.25$ 时测试样本的分类混淆矩阵

缺陷类型	裂纹	压痕	划伤	凹坑	氧化铁皮	正常样本	正确个数	总个数	分类正确率/%
裂纹	185	10	3	0	6	4	185	208	88.94
压痕	9	63	1	3	2	1	63	79	79.75
划伤	5	0	95	0	4	3	95	107	88.79
凹坑	0	3	0	23	3	1	23	30	76.67
氧化铁皮	7	3	7	3	79	9	79	108	73.15
正常样本	9	3	2	4	7	155	155	180	86.11
合　计	215	82	108	33	101	173	600	712	84.27

由表7-2可知，Contourlet-SLLE 算法对于铸坯表面缺陷测试样本库的总体分类正确率为84.27%，误检率为15.73%。其中对于在铸坯生产过程中最关注的裂纹缺陷的识别率可达88.94%，划伤类缺陷的识别率也达88.79%，而对于凹坑和氧化铁皮的识别率则较低，这与前面对缺陷特征的分析一致。因此，Contourlet-SLLE 算法对于目前铸坯生产过程中比较关注的裂纹和划伤缺陷都有较好的识别率，但是氧化铁皮等伪缺陷对识别仍有较大影响。对于凹坑和氧化铁皮的识别率相对较低的主要原因是，凹坑为离散的点片状缺陷，并且对比度较低，这样使得某些凹坑很容易误识为正常样本或者氧化铁皮，可以采用一些图像增强技术来提高凹坑类缺陷图像的识别率，这里不作深入研究；而氧化铁皮则使得图像背景异常复杂，可能会被误识为缺陷，因此如何消除氧化铁皮的影响成为铸坯表面缺陷识别的工作难题和重点。

7.4.3　Shearlet-SLLE 算法

由前面两节可知，Curvelet 变换和 Contourlet 变换与 SLLE 非线性降维方法结合后可以有效地提取高温铸坯表面图像多个尺度和方向上的特征，尤其是 Contourlet-SLLE 算法拥有更高的识别率和算法效率，可以高效稳定地对高温铸坯表面裂纹和划伤等缺陷进行正确分类。本节将以 Shearlet 变换与 SLLE 相结合的 Shearlet-SLLE 算法进行高温铸坯表面缺陷的分类识别实验，其步骤如下：

（1）Shearlet 分解。对每幅样本图像进行 Shearlet 分解，Shearlet 变换的尺度和方向由分解参数 P 决定，$P = [n_1 n_2 \cdots n_j \cdots n_L]$，分解层数为 L，尺度 j 的分解方向数为 $2 \times (2 \times 2 + 1)$。实验中取 $P = [2\ 2\ 1\ 1\ 0]$，即分解层数为5层，每层的分解方向数为 [18 18 10 10 6]，因此分解后得到的不同方向的子带图像数量为 18+18+10+10+6=62。

（2）计算特征值。对得到的子带图像分别计算其均值和方差值作为特征量，共得到124个特征量。

（3）SLLE 降维。对124个特征向量采用 SLLE 算法进行降维，降维后的特征量数目为20。

（4）SVM 分类。将降维后的20个特征向量分别输入 SVM 分类器，SVM 分类器选择径向基函数，核参数 γ 以 0.01 位步长在区间（0，4]上取值。

实验中还将 Shearlet-SLLE 算法与 Curvelet-SLLE 算法、Contourlet-SLLE 算法以及没有经过降维的 Shearlet 变换算法的分类效果进行了比较，不同算法对表7-1测试样本的分类结果如图7-21所示。

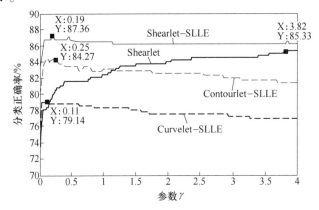

图7-21　不同算法对高温铸坯表面缺陷测试样本的分类结果

由图 7-21 可知，当 Shearlet-SLLE 算法在 $\gamma = 0.19$ 时得到了最高分类正确率 87.36%，并且随着 γ 的增长基本保持稳定，比其他算法的分类正确率都高，说明 Shearlet-SLLE 算法可以得到理想的分类效果。没有经过降维的 Shearlet 算法在 $\gamma = 3.82$ 时得到了最高分类正确率 85.33%，比 Contourlet-SLLE 算法和 Curvelet-SLLE 算法的分类正确率高，说明 Shearlet 变换比 Contoulet 变换和 Curvelet 变换能够更好地保留缺陷的特征，但是由于没有经过降维，其分类的结果不稳定。表 7-3 为不同算法对表 7-1 测试样本得到的最高分类正确率与算法运行时间。

表 7-3　不同算法分类效果比较

算　法	特征维数	最高分类正确率/%	算法运行时间/ms		
			特征提取	降维分类	合　计
Shearlet-SLLE	20	87.36	41.25	12.62	53.87
Contourlet-SLLE	51	84.27	29.28	21.03	50.31
Curvelet-SLLE	20	79.14	44.55	20.83	65.38
Shearlet	124	85.33	41.25	213.72	254.97

由表 7-3 可知，Shearlet-SLLE 算法对高温铸坯表面缺陷的分类正确率比其他几种算法都要高，而且在运算时间上比 Contourlet-SLLE 多。总体而言，Shearlet-SLLE 算法综合了 Curvelet 变换和 Contourlet 变换的优点，通过 SLLE 对 Shearlet 变换提取的特征矩阵进行降维，既能够达到较高的分类准确率又能满足算法实时性要求。

参 考 文 献

[1] 贾慧明，范弘，张克，等.1100℃高温连铸板坯表面缺陷的模拟在线无损检测 [J]. 钢铁研究学报，1994，6 (1)：81~86.

[2] 欧阳奇，张兴兰，陈登福，等.高温连铸坯表面缺陷的机器视觉无损检测 [J]. 重庆大学学报：自然科学版，2007，30 (11)：27~31.

[3] 谈新权，梅晓英.高分辨率 CCD 图像传感器及 CCD 摄像机的性能评价 [J]. 光学技术，1999 (12)：20~22.

[4] 张志欣.基于图像特征的连铸板坯表面质量在线监测方法的研究 [D]. 杭州：浙江大学，2014.

[5] 雷华，曾晶，王文学，等.不锈钢连铸板坯外弧压痕的产生原因与改善措施 [J]. 重型机械，2013，6：84~85.

[6] 张志强，张炯明.连铸坯表面振痕形成机理的研究 [J]. 钢铁研究，2008，36 (1)：19~22.

[7] Do M. N, Vetterli M. Contourlet：a new directional mul-tiresolution image representation [C]. Conference Record of the Asilomar Conference on Signals, Systems and Computers, 2002：497.

[8] Do M N, Vetterli M. The contourlet transform：an e±cient directional multiresolution image representation [J]. IEEE Trans Signal Process, 2005, 14 (12)：2091.

[9] Po D D, Do M N. Directional multiscale modeling of images using the contourlet transform [J]. IEEE Trans Image Process, 2006, 15 (6)：1610.

[10] Dick de Ridder, Kouropteva, Okun, et al. Supervised locally linear embedding [C].//Proc. of the Inter-

national Conference on Artificial Neural Networks and Neural Information Processing. Istanbul，Turkey，2003：333~341.

[11] Roweis S T，Saul L K. Nonlinear dimensionality reduction by locally linear embedding［J］. Science，2000，290（5500）：2323~2326.

[12] 杨帆. 基于 Contourlet 变换的图像去噪算法研究［D］. 北京：北京交通大学，2008.

[13] 焦李成，谭山. 图像的多尺度分析：回顾和展望［J］. 电子学报，2003，31（21A）：43~50.

[14] Meyer F G，Coifman R R. Brushlets：a tool for directional image analysis and image compression［J］. Applied and Computational Harmonic Analysis，1997，5：147~148.

[15] Candes E J. Ridgelets：Theory and applications［D］. USA：Department of Statistics，Stanford University，1998.

[16] Candes E J. Harmonic analysis of neural networks［J］. Applied and Computational Harmonic Analysis，1999，6：197~218.

[17] Candes E J，Donoho D L. Curvelets［J］. USA：Department of Statistics，Stanford University，1999.

[18] Donoho D L，Duncan M R. Digital curvelet transform：strategy，implementation and experiments［C］. Proc. SPIE，2000，12~29.

[19] Donoho D L，Huo X. Applications of beamlets to detection and extraction of lines，curves and objects in very noisy images［C］. Nonlinear Signal and Image Processing（NSIP），Baltimore，2001.

[20] Do M N. Directional multiresolution image representations［D］. Swiss Federal Institute of Technology，Lausanne Switzerland，2001.

[21] Do M N，Vetterli M. The contourlet transform：an efficient directional multiresolution image representation［J］. IEEE Trans on Image Processing，2005，14（12）：2091~2106.

[22] Pennec E L，Mallat S. Image compression with geometrical wavelets［C］. //Proc. Of ICIP'2000，2000，661~664.

[23] Velisavljevic V，Beferull-lozano B，Vetterli M，et al. Directionals：anisotropic multi-directional representation with separable filtering［J］. IEEE Trans on Image Processing，2004，12.

[24] Buckheit B J，Donoho D. Wavelab and reproducible research［C］. //Springer-Verlag，Berlin，1995：53~81.

[25] Guo K，Labate D. Optimally Sparse Multidimensional Representation using Shearlets［J］. SIAM J Math Anal，2007，39（1）：298~318.

[26] Easley G，Labate D，Lim W. Sparse directional image representations using discrete shearlet transform［J］. Appl Comput Harmon Anal，2008，25（1）：25~64.

[27] 胡晰远. 基于几何多尺度方向分析的感知图像编码算法研究［D］. 南京：南京理工大学，2007.

[28] 焦李成，谭山，刘芳. 脊波理论：从脊波变换到 Curvelet 变换［J］. 工程数学学报，2005，22（5）：761~773.

[29] Candes E J. Monoscale ridgelets for the representation of images with edges［J］. USA：Department of Statistics，Stanford University，1999.

[30] Candes E J，Donoho D L. Curvelets：a surprisingly effective non-adaptive representation for objects with edges［J］. Curves and Surfaces，Nashville：Vanderbilt University Press，1999.

[31] Candes E J，Guo F. New multiscale transform，minimum total variation synthesis：applications to edge-preserving image reconstruction［J］. Signal Processing，2001：478.

[32] Do M N，Vetterli M. "Contourlets" in beyond wavelet［J］. New York：Academic Press，2003.

[33] 艾永好. 多尺度特征提取方法在金属表面缺陷检测中的应用研究［D］. 北京：北京科技大学，2013.

[34] 武国宁，孙娜，段庆全. 多尺度几何分析及其在去噪中的应用［J］. 计算机应用与软件，2011，28

（7）：64~68.

[35] 杨洁 . 基于 Bandelet 变换的图像压缩 [D]. 西安：西安电子科技大学，2007.

[36] 杜宝祥 . Contourlet 变换在图像处理中的应用 [D]. 哈尔滨：哈尔滨工程大学，2008.

[37] 李晖晖，郭雷，刘航 . 基于二代 Curvelet 变换的图像融合研究 [J]. 光学学报，2006，26（5）：657~662.

[38] Donoho D L, Duncan M R. Digital Curvelet Transform：Strategy，Implementation，Experiments [R]. Technical Report，Stanford University，1999.

[39] Starck J L, Candes E J, Donoho D L. The curvelet transform for image denoising [J]. IEEE Trans. Im. Proc.，2002，11（6）：670~684.

[40] Starck J L, Aghanim N, Forni O. Detecting cosmological non-Gaussian signatures by multi-scale methods [J]. Astronomy and Astrophysics，2004，41（6）：9~17.

[41] Starck J L, Elad M, Donoho D L. Redundant multiscale transforms and their application for morphological component analysis [J]. Advances in Imaging and Electron Physics，2004，132.

[42] Hermann F J, Moghaddam P P. Sparseness and continuity-constrained seismic imaging with curvelet frames [J]. Submitted，2005.

[43] Guo K, Labate D, Lim W, et al. Wavelets with Composite Dilations [J]. Electr. Res. Ann. AMS，2004，10：78~87.

[44] Douma H, De Hoop M V. Wave-character preserving prestack map migration using curvelets [J]. Presentation at the Society of Exploration Geophysicists，Denver，CO，2004.

[45] 刘天钊 . 基于第二代 Curvelet 变换的多聚焦图像融合方法研究 [J]. 科技信息，2013，2：481~482.

[46] 赵心 . 基于 Curvelet 变换的图像去噪方法研究与应用 [D]. 青岛：山东科技大学，2007.

[47] Burt P J, Adelson E H. The laplacian pyramid as a compact image code [J]. IEEE Trans Commun，1983，31（4）：532~540.

[48] 倪伟 . 基于多尺度几何分析的图像处理技术研究 [D]. 西安：西安电子科技大学，2008.

[49] 刘海，杜锡钰，裘正定 . 四方向上的任意角度扇形数字滤波器的设计 [J]. 通信学报，1994，15（4）：14~20.

[50] Bamberger R H, Smith M J T. A filter bank for the directional decomposition of images：theory and design [J]. IEEE Transactions on Acoustics，Speech，and Signal Processing，1992，40（4）：882~893.

[51] Do M N. Directional multiresolution image representations [D]. Swiss Federal Institute of Technology，Lausanne Switzerland，2001.

[52] 张鑫 . 基于小波变换及轮廓波变换的光学图像去噪研究 [D]. 秦皇岛：燕山大学，2009.

[53] 董鸿燕，杨卫平，沈振康 . 基于 Contourlet 变换的自适应图像去噪方法 [J]. 红外技术，2006，28（9）：551~556.

[54] 卓琳 . 基于 Contourlet 变换的图像融合算法 [D]. 厦门：厦门大学，2008.

[55] Guo K, Labate D, Lim W Q, et al. Wavelets with composite dilations [J]. Electronic research announcements of the American Mathematical Society，2004，10（9）：78~87.

[56] Guo K, Labate D, Lim W Q, et al. The theory of Wavelets with composite dilations [M]. Harmonic analysis and applications，Birkhauser Boston，2006：231~250.

[57] Guo K, Labate D, Lim W Q, et al. Wavelets with composite dilations and their MRA properties [J]. Applied and Computational Harmonic Analysis，2006，20（2）：202~236.

[58] 胡江华 . 基于 Shearlet 变换方向性的图像消噪 [D]. 西安：西北大学，2014.

[59] Kittipoom P, Kutyniok G, Lim W Q. Construction of compactly supported Shearlet frames [J].

Constructive Approximation，2012，35（1）：21～72.

［60］Guo K，Labate D，Lim W Q. Edge analysis and identification using the continuous Shearlet transform ［J］. Applied and Computational Harmonic Analysis，2009，27（1）：24～46.

［61］Lim W Q. Discrete Shearlet Transform：New Multiscale Directional Image Representation ［C］. //International Conference on Sampling Theory and Applications，SAMPTA' 09，2009.

［62］Kutyniok G，Labate D. Shearlets：Multiscale analysis for multivariate data ［M］. Springer，2002.

［63］应自炉，李景文，张有为. 基于表情加权距离 SLLE 的人脸表情识别 ［J］. 模式识别与人工智能，2010，23（2）：278～283.

［64］李见为，樊超，王玮. 监督局部线性嵌入在人脸识别中的应用 ［J］. 重庆工学院学报，2010，33（2）：92～97.

［65］徐志书，杨杰，王猛. 利用非线性降维方法预测膜蛋白类型 ［J］. 上海交通大学学报，2005，39（2）：279～283.

［66］肖健. 局部线性嵌入的流行学习算法研究与应用 ［D］. 北京：国防科技大学，2005.

［67］胡丹. 基于改进的 SLLE 在地震属性优化中的研究与应用 ［D］. 成都：成都理工大学，2007.

［68］李强，皮智谋. 基于 FastICA-SLLE 的转子系统故障诊断研究 ［J］. 组合机床与自动化加工技术，2014，8：105～107.